# DÉCOUVERTE

DE

# L'ASTRONOMIE

## POSITIVE

### Basée sur la loi commune aux mouvements des Corps

PAR

### ANTOINE DERYAUX

De Vienne (Isère).

Dans cet ouvrage on voit que la deuxième loi de Képler est erronée et on trouve le remplacement de cette loi par une autre loi appuyée de preuves irrécusables.

On voit également par ce nouveau système quelles sont les véritables causes de bon nombre de faits astronomiques, qui, jusqu'à ce jour, n'avaient été que très-imparfaitement comprises, et on trouve des moyens pour prédire les éclipses sans avoir aucune connaissance en astronomie.

### PRIX : 3 FR.

PARIS

GAUTHIER-VILLARS, SUCCESSEUR DE MALLET-BACHELIER

Quai des Grands-Augustins, 55.

AOUT 1867.

# DÉCOUVERTE

DE

# L'ASTRONOMIE POSITIVE.

VIENNE. — IMPRIMERIE ET LITHOGRAPHIE J. TIMON.

# DÉCOUVERTE

## DE

# L'ASTRONOMIE

## POSITIVE

### Basée sur la loi commune aux mouvements des Corps

PAR

## ANTOINE DERYAUX

De Vienne (Isère).

Dans cet ouvrage on voit que la deuxième loi de Képler est erronée et on trouve le remplacement de cette loi par une autre loi appuyée de preuves irrécusables.

On voit également par ce nouveau système quelles sont les véritables causes de bon nombre de faits astronomiques, qui, jusqu'à ce jour, n'avaient été que très-imparfaitement comprises, et on trouve des moyens pour prédire les éclipses sans avoir aucune connaissance en astronomie.

## PRIX : 3 FR.

### PARIS

GAUTHIER-VILLARD, SUCCESSEUR DE MALLET-BACHELIER

Quai des Grands-Augustins, 55.

Aout 1867.

# PRÉFACE.

Cherchant à me rendre compte des causes des faits qu'on voit effectuer aux corps célestes , je me suis aperçu que les systèmes usités jusqu'à ce jour laissaient beaucoup à désirer. Alors j'ai pensé que, malgré le respect qu'on doit avoir pour les règles établies par d'illustres prédécesseurs , il est permis de chercher s'il n'existe pas des moyens propres à faire connaître quelles sont les véritables causes des faits astronomiques qui s'effectuent périodiquement, et toujours de la même manière.

A force d'études , en cherchant l'inconnu par le connu , je crois avoir trouvé ce moyen dans une des lois de la nature, que j'ai appelée *loi commune au mouvement des corps.*

Par cette loi il résulte que, généralement, autant pour les corps terrestres que pour les corps célestes, un corps qui est emporté par un autre corps n'a plus, en fait de mouvements qui lui soient propres, que ceux qu'il effectue par rapport au corps par lequel il est emporté.

### Exemple.

Lorsque, dans un bateau en marche, un passager effectue un mouvement qui lui appartient, ce mouvement ne peut être considéré que par rapport au bateau et non par rapport au rivage, parce que le déplacement dudit voyageur par rapport au rivage dépend du mouvement du bateau.

Il en est de même des corps célestes ; et lorsqu'un astronome veut connaître les déplacements qui doivent appartenir à une planète faisant partie du système solaire, il doit observer les déplacements que cette planète effectue par rapport au soleil, qui est son centre de gravité, et non par rapport aux étoiles fixes. Comme aussi, lorsqu'un observateur du ciel veut se rendre compte des mouvements qui appartiennent à un satellite, ou lune d'une planète, il doit remarquer avant tout les déplacements que ce satellite effectue par rapport à la planète supérieure par laquelle il est emporté dans l'espace, et non par rapport au soleil, ni par rapport aux étoiles fixes.

En procédant de la manière dont je viens de parler on peut se rendre compte des véritables causes des faits astronomiques qu'on voit effectuer aux corps célestes, parce que par ces moyens on évite la confusion des mouvements des corps.

Par les systèmes usités jusqu'à ce jour les astronomes attribuent aux planètes et aux lunes des planètes

les mouvements qu'on leur voit effectuer d'occident
en orient par rapport aux étoiles fixes ; cette manière
de voir les choses est aussi illusoire que si on attribuait
à un voyageur, comme lui appartenant, le mouvement qu'il effectue de Paris à Lyon, en dix heures de
temps, lorsqu'il est emporté par un train du chemin
de fer.

Dans cette circonstance, le transport du voyageur de
Paris à Lyon ne dépend absolument que du mouvement du train, et si ledit voyageur effectue quelques
mouvements qui lui appartiennent, ce ne peut être que
ceux qu'il exécute par rapport au train en passant d'un
wagon à un autre, ou bien d'une banquette à une
autre dans le même wagon.

Il en est de même des planètes et des lunes des planètes, car les mouvements qui peuvent appartenir aux
planètes qui font partie du système solaire ne sont
absolument que les déplacements qu'elles effectuent
par rapport au soleil, qui est leur centre de gravité,
et non ceux qu'elles exécutent par rapport aux étoiles
fixes. Comme aussi, les mouvements qui peuvent appartenir aux lunes des planètes ne sont que les déplacements que ces petits astres effectuent par rapport
aux planètes supérieures par lesquelles ils sont emportés dans l'espace, et non par rapport au soleil, ni
par rapport aux étoiles fixes.

Comme, par exemple, les mouvements qui peuvent
appartenir à la lune, ce sont les déplacements qu'elle

effectue par rapport à la terre, dont elle est le satellite, et non les déplacements qu'on lui voit effectuer par rapport au soleil et par rapport aux étoiles fixes.

## Résumé.

Le soleil est aux planètes qui font partie de son système ce que la terre est à la lune et à tous les corps qui font partie du système terrestre, ce qu'un train de chemin de fer est au voyageur qu'il emporte avec lui, ou ce qu'un bâtiment est à la cargaison qu'il emporte dans une traversée quelconque.

Ainsi de suite pour tous les corps célestes et terrestres, car dans la nature il ne peut exister qu'une seule et même loi au sujet des déplacements des corps les uns par rapport aux autres.

# DÉCOUVERTE

DE

# L'ASTRONOMIE POSITIVE

### BASÉE

#### Sur la loi commune aux mouvements des Corps.

EXPLICATIONS DE QUELQUES ILLUSIONS CAUSÉES AUX ASTRONOMES PAR LES SYSTÈMES USITÉS JUSQU'A CE JOUR.

Pour être plus facilement compris, je vais démontrer combien il est illusoire d'attribuer aux planètes et aux lunes des planètes les mouvements qu'on leur voit effectuer par rapport à la sphère céleste.

Ces explications diminueront le prestige qu'exercent sur les astronomes les systèmes usités ; ils seront, dès lors, plus disposés à suivre les principes que je propose, et qui sont basés sur la *loi commune aux mouvements des corps.*

Les hommes étant interposés entre la terre et la lune, ils peuvent matériellement vérifier quels sont les divers déplacements de la lune par rapport à la surface de la terre. On a moins de facilité pour se rendre compte des déplacements des planètes par rapport au soleil parce que les hommes ne peuvent pas, comme sur la terre à l'égard de la lune, vérifier matériellement quels sont les divers déplacements des planètes par rapport à la surface solaire. Néanmoins, par des taches qui se remarquent sur le soleil, et au moyen des étoiles fixes qui servent de jalons pour marquer les mouvements des corps mobiles, on a reconnu que le globe solaire tourne sur lui-même d'occident en orient, et qu'il emploie 25 jours et demi pour effectuer ce mouvement de rotation.

Avec cette connaissance on peut se rendre compte des divers déplacements des planètes par rapport à la surface du soleil ; mais, je le répète : cette vérification est moins facile à faire que celle du déplacement de la lune par rapport à la surface de la terre.

Pour connaître positivement le déplacement en longitude de la lune par rapport à la surface de la terre il suffit de remarquer quel est le sens de ce déplacement par rapport aux divers pays de la terre au-dessus desquels la lune circule continuellement, et toujours du même côté.

Ainsi donc, je supposerai qu'un jour quelconque, à dix heures du soir, la lune se trouvera au-dessus du port de Brest, et, en même temps, en face du groupe d'étoiles appelées les Pléiades. A partir de ce moment, et par suite du mouvement de rotation de la terre, il s'ensuivra que le port de Brest parcourra d'occident en orient, en 23 heures, 56 minutes et 4 secondes, les

360 degrés dont se compose la circonférence de la sphère céleste, et que, le lendemain, à la même heure, à 4 minutes près, il se retrouvera perpendiculairement en face du même groupe d'étoiles qui aura servi de point de départ.

En examinant le déplacement en longitude qu'aura exécuté la lune par rapport à la terre, pendant les 24 heures qui se seront écoulées, on verra qu'elle aura parcouru l'Océan atlantique, l'Amérique, le Grand Océan, l'Asie, et ainsi de suite ; on verra qu'en continuant ce déplacement occidental par rapport à la surface de la terre, la lune sera revenue, en 24 heures, jusqu'au méridien qui passe par le grand-duché de Bade (1).

Le grand-duché de Bade se trouvant de la valeur de 13 degrés 17 centièmes de degrés à l'orient du port de Brest, il en résultera que, par rapport à la sphère céleste, la lune se trouvera à l'orient des pléiades, de la valeur de 13 degrés 17 centièmes de degré.

Si on demandait à un observateur qui n'aurait aucune connaissance en astronomie quel est le sens

---

(1) Pour avoir plus de précision dans mes explications je choisis des pays bien connus, comme aussi je choisis le port de Brest et le grand-duché de Bade, qui, par leur séparation, constituent l'étendue de la France en longitude ; et cette même étendue se trouve en rapport avec les 13 degrés 17 centièmes de degré dont la lune néglige de se déplacer d'orient en occident pendant que la terre fait un tour sur elle-même en 23 heures 56 minutes 4 secondes.

en longitude qu'aurait parcouru la lune par son déplacement par rapport à la terre, pendant les 24 heures en question, cet observateur répondrait que c'est d'orient en occident, parce qu'il aurait matériellement vu qu'au début de son déplacement, en partant du port de Brest, la lune aurait traversé l'Océan atlantique, l'Amérique, et ainsi de suite jusqu'au grand-duché de Bade.

Si on faisait la même question à un astronome imbu des principes établis par les systèmes usités, il vous répondrait que, pendant ces 24 heures, et par un mouvement qui lui est propre, la lune a parcouru d'occident en orient autour de la terre un arc de cercle de la valeur de 13 degrés 17 centièmes de degré ; et cette réponse serait conforme à ce qui est écrit dans tous les livres élémentaires d'astronomie qui servent d'études dans les pensions et dans les colléges.

Les observateurs du ciel soutiennent que la lune circule d'occident en orient autour de la terre par un mouvement qui lui est propre, parce qu'ils ne tiennent pas compte de ce que, d'après la loi immuable de la nature au sujet des déplacements des corps les uns par rapport aux autres, la lune ne peut point avoir d'autres mouvements qui lui soient propres que ceux qu'elle effectue par rapport à la terre, qui est son centre de gravité, et par laquelle elle est emportée dans l'espace autour du soleil.

En posant quelques chiffres seulement, les astro-

nomes reconnaîtraient que, par suite du mouvement de
rotation de la terre, un point quelconque de sa surface
parcourt en longitude, d'occident en orient, la valeur
de 15 degrés par heure par rapport à la sphère céleste.
Ils verraient aussi que par la résistance que la lune
oppose au mouvement de rotation du globe terrestre
elle se déplace en sens contraire, d'orient en occident
par rapport à la surface de la terre, de la valeur de
14 degrés et demi par heure.

Ainsi donc, en déduisant sur les quinze degrés par
heure qu'avance d'occident en orient un point quelconque de la terre par rapport aux étoiles fixes, les
14 degrés et demi par heure dont la lune se déplace en
sens contraire, d'orient en occident par rapport à la
surface de la terre, les observateurs du ciel verraient
qu'il ne reste plus qu'environ demi-degré par heure
dont la lune se trouve transportée d'occident en orient
par rapport à la sphère céleste.

En multipliant cette fraction d'un peu plus de demi-
degré par heure, les astronomes verraient pourquoi,
en 24 heures, la lune se trouve transportée d'occident
en orient par rapport aux étoiles fixes, de la valeur de
13 degrés 17 centièmes de degré, et ils reconnaîtraient
que ce transfert d'occident en orient ne dépend pas
d'un mouvement qui appartient à la lune, puisque ce
déplacement ne dépend absolument que du mouvement
de rotation de la terre.

Pour que la lune circulât d'occident en orient autour

de la terre par une vitesse de 13 degrés 17 centièmes
de degré par jour, il faudrait que, pour aller du port
de Brest au grand-duché de Bade, elle traversât la
France, tandis que, pendant les 24 heures qu'elle emploie pour faire ce trajet, la lune ne passe pas au-
dessus de Paris. Elle n'arrive au méridien de ce dernier
pays qu'après que les 24 heures sont écoulées, et toujours en circulant d'orient en occident par rapport à la
surface de la terre.

Faute d'avoir tenu compte de la *loi commune aux
mouvements des corps*, les astronomes ont attribué à la
lune divers mouvements qu'elle n'exécute pas ; car en
lisant les ouvrages sur l'astronomie on voit que dans
tous ces livres il est expliqué qu'en même temps que
la lune fait le tour de la terre d'occident en orient, elle
fait un tour sur elle-même, et cela en présentant toujours le même côté à la terre.

Cette manière de voir est aussi erronée que si on
admettait qu'en même temps qu'un bâtiment fait le
tour du globe terrestre, en circulant sur les mers, il
fait aussi un tour sur lui-même en ayant toujours sa
quille dirigée du côté de la terre.

Les astronomes disent que la lune fait un tour sur
elle-même parce qu'ils lui voient effectuer ce mouvement de rotation par rapport au soleil et par rapport
aux étoiles fixes ; mais, encore une fois, la lune n'est
ni le satellite du soleil, ni le satellite des étoiles fixes,
puisqu'elle fait partie du système terrestre, par lequel

elle est emportée dans l'espace autour du soleil.

Pour bien faire comprendre l'énormité de cette bévue je supposerai que le globe terrestre soit transparent et qu'on puisse placer un observateur au centre de ce globe, à environ 1500 lieues de profondeur ; j'admettrai aussi que, de cette position, l'observateur puisse apercevoir le soleil et un bâtiment au repos dans un port quelconque.

Lorsqu'il serait midi pour ce port de mer, l'observateur verrait les mâts du bâtiment dirigés vers le soleil et éclairés par cet astre. Douze heures après, lorsqu'il serait minuit pour ce même port, l'observateur verrait la quille du même bâtiment dirigée du côté du soleil, et les mâts tournés du côté opposé. Le lendemain, à midi, et toujours pour ce même port, les mâts du bâtiment se retrouveraient dirigés du côté du soleil.

Ainsi de suite, à chaque tour que la terre ferait sur elle-même, l'observateur placé au centre de cette dernière verrait, à l'égard d'un bâtiment au repos dans un port, absolument ce que les hommes voient à l'égard de la lune en étant placés sur la terre, qui occupe le centre du système terrestre ; et il est bien certain qu'un bâtiment au repos dans un port quelconque n'effectue pas un mouvement de rotation, puisqu'il est immobile.

La supposition d'un observateur placé au centre de la terre, à 1500 lieues de profondeur, offre plusieurs moyens de se rendre compte de l'illusion des astronomes à l'égard des déplacements de la lune par rapport à la terre.

Comme, par exemple, en admettant qu'à un moment donné la gare d'un chemin de fer se trouvât perpendiculairement en dessous d'une étoile fixe quelconque, et que cette étoile et cette gare puissent être aperçues par un observateur placé au centre du globe terrestre, à 1500 lieues environ de profondeur.

En admettant aussi qu'au même instant il parte de cette gare deux trains en sens opposé l'un de l'autre, parcourant chacun un degré par heure, l'un d'orient en occident, l'autre d'occident en orient, n'est-il pas aussi vrai, comme il est vrai que quatre quarts font un entier, que l'observateur placé au centre de la terre verrait circuler ces deux trains du même côté par rapport à l'étoile fixe qui aurait servi de point de départ? Et cela à cause du mouvement de rotation de la terre qui les emporterait tous deux d'occident en orient par une vitesse de 15 degrés par heure. Il n'y aurait qu'une différence de vitesse dans la marche de ces deux trains : celle du train qui circulerait d'orient en occident sur la terre serait, par rapport aux étoiles fixes, réduite à 14 degrés par heure ; et la marche de celui qui circulerait d'occident en orient se trouverait de 16 degrés. Mais, je le répète : la marche de ces deux trains aux regards de l'observateur placé au centre de la terre s'effectuerait dans le même sens par rapport aux étoiles fixes, malgré que leur véritable déplacement par rapport à la terre aurait lieu en sens opposé l'un de l'autre.

Je pourrais citer une foule d'illusions causées aux astronomes par suite des faux principes adoptés pour expliquer la marche des astres, mais ce serait inutile, attendu que cela ne servirait qu'à démontrer ce qui doit être suffisamment compris.

Néanmoins, pour bien faire connaître l'insuffisance des systèmes usités jusqu'à ce jour pour expliquer les raisons des faits qu'on voit effectuer aux corps célestes, je vais démontrer une erreur matérielle dans l'une des trois lois de Képler, qui, depuis longtemps, servent de base à la science astronomique.

RÉFUTATION DE L'UNE DES TROIS LOIS DE KÉPLER ET REMPLACEMENT DE CETTE LOI PAR UNE AUTRE DÉMONTRÉE PÉREMPTOIREMENT PAR DES PREUVES IRRÉCUSABLES.

En cherchant à me rendre compte des causes des trois faits astronomiques connus sous le nom des lois de Képler, je me suis aperçu que la deuxième de ces lois est erronée, et j'ai remplacé cette loi par une autre, qui est d'une vérité incontestable.

En 1618, Képler publia :

1° Que les planètes décrivent des ellipses dont le soleil occupe le foyer commun ;

2° Que les aires, que les rayons vecteurs du soleil décrivent autour des planètes restent proportionnelles au temps;

3° Que les carrés des temps des révolutions périodiques des planètes autour du soleil sont entre eux comme les cubes de leur distance.

A cette époque, Képler avoua l'inutilité de ses efforts pour expliquer les raisons de ces trois faits astronomiques ; il se borna à en constater l'existence. Toutefois, il ne donna pas comme certaine la découverte par laquelle il disait que les aires que les rayons vecteurs du soleil décrivent autour des planètes restent proportionnelles au temps employé à les décrire.

Képler s'étant aperçu que ce dernier fait astrono-

mique n'était pas d'une rigoureuse exactitude, il ne dé-
montra cette prétendue vérité que d'une manière in-
complète.

Ce fut ensuite Newton qui fit accepter que les aires
proportionnelles aux temps était une nécessité des lois
générales du mouvement.

En lisant tous les ouvrages sur l'astronomie qui ont
été écrits depuis l'avénement de Newton, tels que
l'Astronomie de Lalande, les Leçons de François Arago,
etc., etc., en lisant ces ouvrages sur l'astronomie, dis-
je, on voit que la majeure partie des principes établis
par le célèbre mathématicien anglais reposent sur les
aires proportionnelles aux temps.

A la suite des principes basés sur la deuxième loi
de Képler, Newton imagina une foule d'hypothèses
pour faire concorder les causes avec les faits d'après
son système ; et tout cela contribua pour beaucoup à
faire dévier les penseurs de la voie qu'ils devaient
suivre pour découvrir la vérité.

Képler n'ayant vérifié la justesse de sa deuxième loi
qu'en comparant la quantité d'hectares parcourus par
les rayons vecteurs du soleil autour d'une même planète périgée et apogée, il ne put pas se rendre un
compte bien exact, parce que les différences de distances au soleil de la même planète périgée ou apogée
est trop petite pour faire convenablement cette opération. Si, pour faire cette comparaison, Képler avait employé deux planètes situées à des distances du soleil

bien inégales il aurait peut-être reconnu que les rapports qu'il avait cru entrevoir n'existaient pas, et il n'aurait pas publié que les aires que décrivent les rayons vecteurs du soleil autour des planètes restent proportionnelles au temps employé à les décrire.

Comme, par exemple, en comparant la grandeur des aires que décrivent les rayons vecteurs du soleil autour de la planète Saturne en un mois de temps et la grandeur de celles qu'ils décrivent autour de la planète la Terre, aussi en un mois, on trouverait que celles décrites autour de la terre seraient bien plus grandes que celles décrites autour de la planète Saturne.

En faisant cette comparaison sur deux planètes dont les distances au soleil auraient encore plus de différence qu'entre la Terre et Saturne, la grandeur des aires décrites par les rayons vecteurs du soleil, en un temps égal, auraient encore plus de disproportion, parce que plus une planète est éloignée du soleil, moins la grandeur des aires décrites par les rayons vecteurs de cet astre n'a d'étendue en un temps quelconque.

Pour être dans le vrai, Képler aurait dû, en remplacement de sa deuxième loi, écrire : que la grandeur des aires que décrivent les rayons vecteurs du soleil autour d'une planète, en un temps donné, *diminue* dans les proportions que la distance de ladite planète au soleil augmente, comme aussi l'étendue de ces mêmes aires *augmente* en raison directe du rapprochement de la même planète au soleil.

Ainsi que je l'ai déjà dit, c'est en cherchant à connaître les causes des faits astronomiques publiés par Képler que j'ai découvert la vérité dont je viens de parler, et de laquelle je me suis parfaitement rendu compte.

Pour bien faire comprendre cela, je supposerai une planète dont l'excentricité de son mouvement autour du soleil la rendrait quatre fois plus éloignée de cet astre à son apogée qu'à son périgée : il s'en suivrait que, pendant un temps déterminé, les aires que décriraient les rayons vecteurs du soleil autour de la planète périgée seraient quatre fois plus grandes que celles qu'ils décriraient pendant le même laps de temps autour de la planète apogée, et en voici la cause.

Pour parcourir la demi-circonférence de la planète apogée, les rayons vecteurs du soleil emploieraient seize fois le temps qu'il leur faudrait pour parcourir la demi-circonférence de la planète périgée, parce que le carré de la distance d'une planète au soleil constitue le cube des temps que cette planète doit employer pour effectuer sa révolution périodique autour de cet astre.

Ainsi donc, en admettant que la demi-circonférence du parcours de la planète apogée soit de 64 millions de lieues, et que l'autre demi-circonférence du parcours de la même planète périgée ne soit que de 16 millions de lieues ;

En admettant encore que pour parcourir la demi-

2

circonférence de la planète périgée les rayons vecteurs du soleil n'employassent que 4 mois, il s'ensuivrait que pour parcourir la demi-circonférence de la même planète apogée il leur faudrait 64 mois.

Dans cette circonstance on voit que pendant le parcours de la demi-circonférence de la planète apogée les rayons vecteurs du soleil ne parcourraient en un mois que la soixante-quatrième partie de cette demi-circonférence, tandis que, pendant le parcours de l'autre demi-circonférence de la planète périgée, ces mêmes rayons vecteurs du soleil en parcourraient la seizième partie en un mois.

En supposant encore que la circonférence de la planète en question soit de 128 mille kilomètres, dont 64 mille kilomètres pour chaque demi-circonférence.

N'est-il pas vrai que la grandeur des aires parcourues par les rayons vecteurs du soleil autour de la planète apogée ne seraient que de 1000 kilomètres par mois, et que celle des aires parcourues autour de la demi-circonférence de la planète périgée serait de 4000 kilomètres aussi par mois?

Cela ne prouve-t-il pas péremptoirement que les aires que décrivent les rayons vecteurs du soleil ne restent pas proportionnelles au temps employé à les décrire, comme l'explique la deuxième loi de Képler?

Et cela ne démontre-t-il pas, en même temps, que, comme je l'ai déjà dit, la grandeur des aires que dé-

crivent les rayons vecteurs du soleil autour d'une planète, en un temps donné, *diminue* à mesure que la
distance de ladite planète au soleil *augmente*.

En faisant la comparaison des temps et des distances
sur toutes les planètes qui font partie du système solaire j'ai reconnu que le carré des distances des planètes
au soleil occasionne le cube des temps, ou, en d'autres
termes, j'ai reconnu que la racine carrée extraite de la
distance supérieure d'une planète représente la racine
cubique des temps également supérieure, et cela pour
toutes les planètes qui font partie du système solaire.

### *Exemple.*

La planète Neptune est 36 fois plus éloignée du
soleil que la terre, et elle emploie 216 ans pour faire
sa révolution de translation, d'occident en orient, autour du soleil, ce qui fait 216 fois le temps qu'emploie
la terre pour accomplir cette même révolution.

En extrayant la racine carrée de 36 on trouve le
nombre 6, et en extrayant la racine cubique de 216 on
trouve également le nombre 6.

En renouvelant cette même opération sur la planète Saturne, qui est 13 fois plus éloignée du soleil que
la planète Vénus, et emploie 48 fois le temps qu'emploie Vénus pour faire sa révolution d'occident en
orient autour du soleil, on voit qu'en extrayant la racine carrée de 13 on trouve le nombre 3 et 7/10$^{es}$, et

en extrayant la racine cubique de 48 on trouve également le nombre de 3 et 7/10es.

En faisant cette même opération sur toutes les planètes qui font partie du système solaire on obtiendrait absolument ce même résultat, car la planète Jupiter emploie 11 fois 87 centièmes de fois plus de temps que la terre pour accomplir sa révolution périodique autour du soleil, et elle est 5 fois 14 centièmes de fois plus éloignée du soleil que le globe terrestre.

En extrayant la racine cubique de 11,87 on trouvera le nombre 2,27, et en extrayant la racine carrée de 5 et 14 on trouve également le nombre de 2,27.

Non-seulement j'ai trouvé des rapports parfaits entre les racines carrées des distances des planètes au soleil et les racines cubiques des temps de leur révolution périodique autour de cet astre, mais, de plus, j'en ai trouvé la raison, et cette cause, la voici :

À mesure qu'une planète s'éloigne davantage du soleil, la vitesse de sa marche orientale se ralentit dans les proportions de son éloignement, parce que plus une planète est éloignée du soleil, plus elle résiste au mouvement de rotation de cet astre; et, par la même raison, moins elle avance d'occident en orient par rapport à la sphère céleste et par rapport à la masse solaire.

À l'appui du ralentissement de la marche orientale d'une planète qui s'éloigne du soleil il faut encore faire la part de ce que le cercle qu'elle parcourt dans cette

circonstance est autant de fois plus grand que ladite
planète est de fois plus éloignée du soleil. Cette augmentation de grandeur de cercle occasionne une pro-
longation de parcours et nécessite une nouvelle prolon-
gation de temps, qu'il faut ajouter à celle occasionnée
par le ralentissement de vitesse.

Cela explique parfaitement pourquoi une seule multiplication de distances suffit pour concorder avec deux
multiplications des temps ; et cela prouve que j'ai dit
vrai (page 24) lorsque j'ai dit que le carré de la distance d'une planète au soleil constitue le cube du temps
que cette planète doit employer pour effectuer sa révolution périodique autour de cet astre.

En sachant que le carré des distances des planètes
au soleil constitue le cube des temps, on se rend compte
de la cause de la troisième loi de Képler, par laquelle
il est dit que le carré des temps des révolutions périodiques des planètes autour du soleil sont entre eux
comme le cube de leur distance. Et voici la raison de
ce fait astronomique.

Le carré des distances des planètes au soleil occa-
sionnant le cube des temps que ces planètes emploient
pour effectuer leur révolution périodique autour de cet
astre, il s'ensuit naturellement qu'en multipliant une
seule fois les temps de la planète plus éloignée du soleil
on obtient le même produit que par deux multiplications de la distance, et cela explique pourquoi les carrés
des temps des révolutions périodiques des planètes

autour du soleil sont entre eux comme les cubes de leur distance.

## Conclusion.

Il n'est pas vrai que les aires que décrivent les rayons vecteurs du soleil autour d'une planète restent proportionnelles aux temps, parce que les temps ne restent pas proportionnels aux distances, et les carrés des temps des révolutions périodiques des planètes autour du soleil sont entre eux comme les cubes de leur distance, ainsi que l'a publié Képler, parce que le carré des planètes au soleil occasionne le cube des temps.

On voit que, par la puissance de ma méthode, non-seulement j'ai trouvé la loi qui doit remplacer la deuxième loi de Képler, qui est erronée, mais que, de plus, j'ai trouvé la cause de sa troisième loi, laquelle ne se trouve que la conséquence de ce que les carrés des distances des planètes au soleil occasionnent les cubes des temps.

Pour être positivement dans le vrai je remplace les lois de Képler par les suivantes :

1° Les planètes décrivent des ellipses dont le soleil occupe le foyer commun ;

2° La grandeur des aires que décrivent les rayons vecteurs du soleil en un temps quelconque *diminue* dans les proportions de l'éloignement de ladite planète au soleil ;

3° Le carré des distances des planètes au soleil oc-

casionne le cube des temps de leur révolution périodique autour de cet astre.

Cette troisième loi est la cause de ce que, ainsi que l'a
publié Képler, les carrés des temps des révolutions
périodiques des planètes autour du soleil sont entre eux
comme les cubes de leur distance.

Maintenant qu'il est bien reconnu qu'il n'est pas
vrai que les aires que décrivent les rayons vecteurs du
soleil autour d'une planète restent proportionnelles au
temps employé à les décrire, qu'on juge combien les
combinaisons astronomiques basées sur ce principe
doivent être erronées, et il y en a beaucoup ; car, ainsi
que je l'ai dit (page 19), en lisant tous les ouvrages
sur l'astronomie qui ont été écrits depuis l'avènement
de Newton on voit que la majeure partie des principes
établis par ce célèbre mathématicien sont basés sur les
aires proportionnelles au temps,

# DÉMONSTRATION

DE

# MA MÉTHODE

Basée sur la loi commune aux mouvements des corps.

Les diverses explications que j'ai données devant être suffisantes pour faire comprendre que les systèmes usités jusqu'à ce jour pour expliquer les causes des faits qu'on voit effectuer aux corps célestes laissent beaucoup à désirer, je vais démontrer ma méthode *basée sur la loi commune aux mouvements des corps*, et on appréciera.

## EXPLICATIONS DES DIVERS DÉPLACEMENTS DES PLANÈTES PAR RAPPORT AU SOLEIL.

Les planètes effectuent plusieurs sortes de déplacements par rapport au soleil, et celui qui est le plus sensible c'est leur déplacement en longitude d'orient en occident par suite de leur résistance au mouvement de rotation du soleil, qui a lieu en sens contraire d'occident en orient.

Les planètes résistent toutes, sans exception, au mouvement de rotation du soleil, mais elles résistent plus ou moins suivant leur plus ou moins grande distance de cet astre.

Comme, par exemple, la planète Mercure étant moins éloignée du soleil que la planète Vénus, sa résistance au mouvement de rotation du soleil est moins grande, de même que la planète Vénus étant moins éloignée du soleil que la terre, il s'ensuit que le déplacement d'orient en occident de la planète Vénus par rapport à la surface du soleil est moins grand que celui qu'effectue la terre, et ainsi de suite.

Le déplacement des planètes d'orient en occident par rapport à la surface du soleil augmente en raison directe de leur distance du globe solaire, et cela par suite de leur augmentation de résistance au mouvement de rotation du soleil, qui tend à faire circuler les planètes d'occident en orient.

Un observateur placé sur le soleil verrait toutes les planètes disparaître à l'occident et reparaître à l'orient, comme les hommes voient coucher la lune à l'occident de la terre et se lever à l'orient.

Les planètes n'étant pas à la même distance du soleil, l'observateur placé sur cet astre verrait circuler lesdites planètes plus vite les unes que les autres, mais toutes d'orient en occident, sans aucune exception.

Le tableau suivant indique la valeur de résistance de chaque planète au mouvement de rotation du soleil pendant que cet astre fait un tour sur lui-même d'occident en orient en 25 jours et demi.

La planète Mercure résiste de $2/3$ environ.

— Vénus — $7/8$

| | | |
|---|---|---|
| — | La Terre — | 13/14 |
| — | Mars — | 25/26 |
| — | Les Astéroïdes | 62/63 |
| — | Jupiter — | 168/169 |
| — | Saturne — | 420/421 |
| — | Uranus — | 1202/1203 |
| — | Neptune — | 3131/3132 |
| — | (1) Janus (planète hypothétique) | 6444/6445 |

On voit par ce tableau que, malgré que les planètes ne circulent pas d'une manière uniforme d'orient en occident par rapport à la surface du soleil, elles n'effectuent pas moins toutes un déplacement bien sensible

---

(1) La planète Janus est un corps céleste dont je soupçonne l'existence aux confins du système solaire, et je l'ai ainsi nommée à cause de la position qu'elle occuperait par rapport au soleil.

Je ne suis pas sûr de l'existence de cette planète dans le système solaire, mais ce que je donne pour certain, c'est que, d'après l'organisation des planètes, si, comme je le crois, il y en a encore une plus éloignée du soleil que la planète Neptune, il ne peut pas y en avoir deux.

Je base ce raisonnement sur des combinaisons que j'ai faites sur la force motrice du soleil d'après son volume en comparant cette force avec celle de la terre, et j'ai trouvé, par des règles comparées, que la puissance solaire ne doit s'étendre en moyenne qu'à une distance de 2,026,030,500 lieues, et, d'après cette étendue, le système solaire ne peut contenir plus qu'une planète qui soit plus éloignée du soleil que la planète Neptune.

Je fonde cette opinion sur ce qu'il ne me semble pas naturel qu'il reste une aussi grande place dans le système solaire sans être occupée par une planète dont le grand éloignement de la terre l'aurait jusqu'à ce jour rendue invisible aux astronomes, faute de posséder des instruments assez puissants pour la découvrir.

de ce même côté, puisque la planète Mercure, qui est celle qui accomplit le moins rapidement ce déplacement à cause de son plus grand rapprochement du soleil, n'emploie qu'environ 34 jours pour se déplacer d'orient en occident de la valeur de toute la circonférence du globe solaire.

Vénus emploie environ 30 jours, la terre 27 jours, et ainsi de suite jusqu'à la planète Neptune, qui n'emploie guère plus de 25 jours et demi, qui est le temps qu'il faut au soleil pour faire un tour sur lui-même.

Pendant ce laps de temps de 25 jours et demi la planète Neptune ne se déplace d'occident en orient, par rapport aux étoiles fixes, que de la 3132ᵉ partie de la

---

D'après l'organisation des planètes dans le système solaire, si, comme je le crois, il en existe encore une située au-delà de la planète Neptune, cette planète serait à une distance du soleil de 2,026,030,500 lieues, et elle emploierait 454 ans pour effectuer une de ses révolutions d'occident en orient soit par rapport à la sphère céleste, soit par rapport à la masse du soleil.

Cette planète supposée serait donc 59 fois plus éloignée du soleil que la terre, et elle emploierait 454 fois le temps qu'il faut au globe terrestre pour accomplir une de ses révolutions périodiques d'occident en orient.

En extrayant la racine cubique de 454 on trouve le nombre de 7 et 7/10, et en extrayant la racine carrée de 59 on trouve également le nombre de 7 et 7/10.

Cela prouve une fois de plus que, même sur une planète qui n'a pas encore été découverte, le carré de sa distance au soleil, comparativement à la distance de la terre, constituerait le cube des temps.

circonférence de la voûte céleste ; Uranus se déplace
de la 1203ᵉ partie ; Saturne, de la 421° ; Jupiter, de
la 169ᵉ, et ainsi de suite jusqu'à la planète Mercure,
qui, par son plus grand rapprochement du soleil, se déplace d'occident en orient par rapport aux étoiles fixes
de la valeur de presqu'un tiers de la circonférence de
la sphère céleste pendant les 25 jours et demi que le
soleil emploie pour faire un tour sur lui-même d'occident en orient.

Ces explications doivent suffire pour faire comprendre que le déplacement le plus sensible qu'effectuent
les planètes par rapport au soleil est celui qu'elles
exécutent en longitude d'orient en occident, puisque
par ce déplacement elles parcourent toutes, sans exception, la totalité de la circonférence du soleil en moins
de 34 jours.

Ces démonstrations doivent être également suffisantes pour faire reconnaître que les déplacements en
longitude qu'on voit effectuer aux planètes d'occident
en orient par rapport à la sphère céleste ne peuvent
pas être considérés comme étant des mouvements qui
leur soient propres, puisque les changements de position que prennent les planètes d'occident en orient, à
chaque tour que le soleil accomplit sur lui-même, ne
dépendent absolument que des retards que les planètes
mettent à accomplir leur déplacement d'orient en occident par rapport à la surface du soleil.

De plus, on voit que les arcs de cercles que parcou-

rent les planètes d'occident en orient, par rapport à la
sphère céleste, pendant que le soleil accomplit son
mouvement de rotation, sont justement les fractions
de circonférence que les planètes ne parcourent pas
par rapport à la surface du soleil.

Un autre déplacement que les planètes effectuent par
rapport au soleil, c'est celui par lequel elles s'éloignent
et se rapprochent alternativement de cet astre. Ce déplacement s'effectuant très-lentement, il s'ensuit que,
pendant que les planètes se portent de leur périgée à
leur apogée, et qu'elles reviennent de leur apogée à leur
périgée par rapport au soleil, elles parcourent toutes
plusieurs fois la circonférence du soleil d'orient en occident.

Le tableau suivant indique le nombre de fois que
chaque planète parcourt la circonférence du soleil d'o-
rient en occident pendant qu'elle se porte de son
périgée à son apogée et qu'elle revient vers le même
apside (1).

La planète Mercure parcourt trois fois la circonférence du soleil. . . . . . . . . 3 fois.

Vénus . . . . . . . . 8 —

La Terre . . . . . . . . 14 —

---

(1) Apside, grand axe qui indique les extrémités du mouvement oscillatoire des planètes.

| | |
|---|---|
| Mars . . . . . . . . . | 26 — |
| Les Astéroïdes. . . . . . . | 63 — |
| Jupiter . . . . . . . . . | 169 — |
| Saturne. . . . . . . . . | 421 — |
| Uranus. . . . . . . . . | 1203 — |
| Neptune . . . . . . . . | 3132 — |

Un habitant placé sur le soleil verrait se lever et se coucher trois fois la planète Mercure pendant qu'elle se porterait d'un apside à l'autre, et qu'elle reviendrait vers le même apside ; la planète Vénus huit fois, la terre quatorze fois, et ainsi de suite, jusqu'à la planète Neptune, qu'il verrait se lever et se coucher plus de 3 mille fois pendant qu'elle se porterait de son périgée à son apogée, et qu'elle reviendrait vers son même périgée.

Malgré tout ce qu'on a pu dire et écrire jusqu'à ce jour à l'égard des mouvements des planètes, on ne peut leur attribuer d'autres mouvements qui leur appartiennent en dehors de ceux qu'elles effectuent par rapport au soleil, qui est leur centre de gravité.

Pour bien comprendre ces déplacements il faut supposer un observateur placé sur le soleil, attendu que de cette position on peut se rendre compte des directions positives que prennent les planètes par rapport à la surface solaire, et éviter la confusion entre les déplacements par rapport aux étoiles fixes.

Ainsi que je l'ai déjà dit (page 29), un observateur placé sur le soleil verrait disparaître à l'occident et

reparaître à l'orient toutes les planètes qui font partie
du système solaire, absolument comme les hommes
voient coucher la lune à l'occident de la terre et se lever
à l'orient ; ce même observateur, placé sur le soleil, verrait également augmenter et diminuer alternativement
les disques des planètes comme les hommes voient augmenter et diminuer le disque de la lune, et cela indique-
rait à cet observateur les retours respectifs des planètes
vers leurs périgée et apogée.

En remarquant les déplacements des planètes par
rapport aux étoiles fixes, l'observateur placé sur le soleil les verrait toutes circuler en longitude d'occident
en orient, comme les hommes voient circuler la lune ;
mais ce ne serait pas une raison pour dire que les planètes circulent d'occident en orient par un mouvement qui leur est propre, puisque, d'après la loi immuable de la nature, les planètes ne peuvent point
avoir d'autres mouvements qui leur appartiennent que
ceux qu'elles exécutent par rapport au soleil, qui est
leur centre de gravité.

Il est vrai qu'en cumulant les retards de temps que
les planètes mettent pour accomplir leur déplacement
d'orient en occident par rapport à la surface du soleil,
les planètes finissent par accomplir un mouvement de
translation d'occident en orient, soit par rapport à la
masse du soleil, soit par rapport aux étoiles fixes ; mais,
je le répète encore une fois : ce mouvement n'appartient pas aux planètes ; il est la conséquence du mou-

vement de rotation du soleil, qui tend à faire circuler
les planètes d'occident en orient, lesquelles planètes
résistent toutes, plus ou moins, à ce mouvement de rotation, suivant leur plus ou moins grande distance du
soleil.

Les déplacements positifs des planètes, ceux qu'on
peut leur attribuer comme leur appartenant, sont ceux
qu'elles effectuent par rapport à la surface du soleil,
qui est le point d'appui des planètes vers lequel elles
gravitent.

Ceci étant bien compris, on peut, au moyen des
étoiles fixes qui servent de jalons pour marquer les
mouvements des corps mobiles, se rendre un compte
exact des divers mouvements qu'on voit effectuer aux
planètes soit par rapport au soleil, soit par rapport à
la sphère céleste; mais pour éviter la confusion il faut
bien distinguer les déplacements qu'elles exécutent
par rapport au soleil d'avec ceux que cet astre leur
fait effectuer.

Ainsi que je l'ai dit (page 28) les planètes effectuent
plusieurs sortes de déplacements par rapport au soleil,
mais pour être bien positif, et, en même temps, plus facilement compris, je ne continuerai mes explications
sur ces sortes de déplacements qu'à l'égard de la terre
seulement, et je démontrerai ensuite les divers déplacements de la lune par rapport à la terre.

EXPLICATION DE LA POSITION QU'OCCUPE LE SYSTÈME
TERRESTRE AUX REGARDS DES HOMMES PAR RAPPORT A
LA SPHÈRE CÉLESTE.

Pour éviter la confusion je vais, avant d'expliquer
les divers déplacements qu'effectue la terre par rapport
au soleil, démontrer quelle est la position qu'occupe
le système terrestre aux regards des hommes par rapport à la sphère céleste, ainsi que les mouvements
qu'exécute la terre, et toujours par rapport aux étoiles
fixes.

Le système terrestre ayant son axe dirigé du même
côté dans le ciel, il conserve toujours la même position par rapport aux étoiles fixes. La terre n'effectue
absolument aucun autre déplacement aux regards des
hommes par rapport à la sphère céleste que celui occasionné par son mouvement de rotation, qu'elle
exécute en 23 heures, 56 minutes et 4 secondes.

Pour bien faire comprendre ma pensée j'admettrai
que la terre continue à effectuer les divers déplacements qu'elle exécute par rapport au globe solaire, et
qu'on puisse voiler suffisamment le soleil pour le faire
disparaître aux regards des hommes ; je supposerai
aussi que ce soit une étoile équatoriale qui remplaçât le
soleil pour éclairer le globe terrestre.

Dans ce cas, il s'ensuivrait que la longueur des
jours serait égale à celle des nuits pour tous les pays

de la terre, et la durée d'un jour et une nuit serait de 23 heures, 56 minutes et 4 secondes, qui est le temps que le globe terrestre emploie pour faire un tour sur lui-même.

Les hommes ne s'apercevraient plus du mouvement de translation que la terre continuerait à effectuer autour du soleil, ni des autres déplacements que le globe terrestre continuerait également à exécuter par rapport au globe solaire ; en un mot, la terre aux regards des hommes semblerait fixée dans le ciel, n'exécutant absolument aucun autre déplacement par rapport à la sphère céleste en dehors de son mouvement de rotation.

Les étoiles de nuit resteraient éternellement les mêmes, et on n'en verrait jamais que la moitié parce que la moitié de la sphère céleste serait constamment éblouie par la clarté de l'étoile équatoriale qui aurait remplacé le soleil.

Les étoiles décriraient (comme elles le font) toujours la même parallèle par rapport à la terre, et elles se lèveraient et se coucheraient toujours à la même heure de la journée ; enfin, je le répète : si on pouvait faire disparaître le soleil, la terre n'effectuerait plus aux regards des hommes aucun autre déplacement que celui occasionné par son mouvement de rotation.

Les choses se passeraient ainsi parce que les étoiles fixes sont tellement éloignées du système solaire que l'ellipse que parcourt la terre autour du soleil en une année (quoiqu'ayant environ 70 millions de lieues de diamètre) ne paraîtrait que comme un point imperceptible dans l'espace en étant vu d'une étoile fixe.

On a la preuve de cela en voyant que les étoiles fixes ne paraissent ni plus grosses, ni plus radieuses quand la terre se trouve en conjonction entre une de ces étoiles et le soleil, ou en opposition de l'autre côté diamétralement opposé, ce qui fait une différence de plus de 70 millions de lieues.

Cela démontre péremptoirement que le déplacement de la terre d'un côté à l'autre du soleil n'est pas plus sensible aux regards des hommes, par rapport aux étoiles fixes, que ne le serait le déplacement d'un millimètre à un corps vu d'une grande distance sur la terre.

Conformément à la terre, la sphère céleste a une forme ronde aux regards des hommes ; elle n'a ni dessus, ni dessous pas plus que le globe terrestre qui a des antipodes dans tous les sens.

On a adopté quatre points cardinaux pour se reconnaître sur le globe terrestre, lesquels sont le nord, le midi, l'est et l'ouest ; mais en quels lieux qu'on se trouve sur la terre, la position qu'on occupe figure toujours comme étant le dessus, et en transperçant perpendiculairement sous ses pieds on rencontrerait à ses antipodes des êtres ayant les pieds dirigés dans le même sens où l'on aurait la tête, et pour ces êtres les lieux où ils se trouveraient figureraient également comme étant le dessus de la terre, puisqu'au-dessus de leurs têtes ils auraient également des étoiles fixes.

Tout cela prouve que dans la sphère céleste, pas plus que sur la terre, il n'y a ni dessus, ni dessous.

Cependant on a adopté que l'hémisphère septentrional de la terre était le dessus du globe terrestre et l'hémisphère méridional le dessous. Mais cela n'est qu'une affaire de convention, parce que sur la terre, pas plus que sur les autres corps qui circulent dans l'espace, il n'y a ni dessus, ni dessous, puisque chaque pays possède des antipodes diamétralement opposés.

A mesure qu'on se déplace en longitude sur la terre on change de méridien, et on n'a plus les mêmes heures ; mais l'aspect du ciel reste le même à vos regards. Tandis qu'en se déplaçant en latitude, en allant du nord au midi, ou du midi au nord de la terre, en conservant la même longitude on conserve la même heure ; mais le ciel change d'aspect à vos regards si le déplacement est assez sensible.

Un observateur qui pourrait se porter à l'extrémité du pôle nord de la terre aurait l'étoile polaire septentrionale verticalement au-dessus de sa tête, et les étoiles équatoriales figureraient à l'horizon : la terre lui semblerait appuyée sur un pivot comme une turbine, et tourner horizontalement.

Si ce même observateur se portait ensuite à l'équateur de la terre, alors il verrait les deux étoiles polaires à l'horizon : la terre lui semblerait suspendue par son axe et tourner perpendiculairement.

En continuant sa marche jusqu'à l'extrémité du pôle méridional de la terre l'étoile polaire septentrionale se trouverait du côté opposé perpendiculairement au-dessous des pieds de l'observateur, et l'étoile méridionale figurerait verticalement au-dessus de sa tête : la terre lui semblerait, de nouveau, appuyée sur un pivot et tourner horizontalement comme une turbine, et les étoiles équatoriales figureraient de nouveau à l'horizon de la terre.

Ainsi de suite, à mesure qu'on change de position en latitude sur la terre, le ciel change d'aspect à vos regards, et lorsqu'on se déplace en longitude on ne change que d'heures, parce que le déplacement qu'on effectue en longitude est absorbé par le mouvement de rotation de la terre.

Je suis entré dans ces détails, quoique déjà connus, pour bien faire comprendre la position qu'occupe la terre par rapport à la sphère céleste, laquelle position est restée et restera toujours la même aux regards des observateurs qui ne changeront pas de latitude sur la terre.

Je dis cela parce que je m'en suis matériellement rendu compte au moyen de jalons fixés au sol, et je suis en mesure de constater que, malgré les variations qu'on a supposées à l'axe de la terre par rapport à la sphère céleste, elle n'en exécute aucune : l'aspect du

ciel pour les habitants de Paris est resté et restera
éternellement le même, comme l'horizon de tous les
pays de la terre.

J'affirme, et je suis en mesure d'en fournir la preuve,
qu'aux regards des hommes qui restent constamment
dans le même pays la terre n'effectue absolument aucun autre déplacement par rapport aux étoiles fixes que
celui occasionné par son mouvement de rotation, qui
ramène le même pays de la terre en face du point du
ciel qui a servi de point de départ, et cela en 23 heures,
56 minutes et 4 secondes, qui est le temps que la terre
emploie pour faire un tour sur elle-même.

Faute d'avoir compris les véritables causes de certains faits qu'on voit effectuer aux corps célestes, les
astronomes ont, pour expliquer ces faits, imaginé des
choses qui n'existent pas, car en lisant l'*Astronomie* de
M. de Lalande, les *Leçons* de François Arago, ainsi
que tous les ouvrages sur l'astronomie, on voit que
pour expliquer la raison de la précession des équinoxes on a imaginé à l'axe de la terre un mouvement
conique qui n'a pas lieu.

On voit aussi que pour expliquer le mouvement direct des apsides d'occident en orient on a recours à une
foule de conjectures qui ne sont démontrées par aucune
raison plausible.

En se reportant antérieurement à 2 mille ans on
voit que les équinoxes ont rétrogradé d'orient en occident, contre l'ordre des signes du zodiaque, de la

valeur d'environ 30 degrés , ce qui équivaut à un signe.

Pour expliquer la raison de ce phénomène, dont ils ne connaissaient pas la véritable cause, les astronomes ont, ainsi que je l'ai déjà dit, imaginé à l'axe de la terre un mouvement conique : on a dit que le mouvement rétrograde des points équinoxiaux faisait décrire à l'axe de la terre, en vertu d'un mouvement unique, un petit cercle dont le diamètre est égal à deux fois son inclinaison sur l'écliptique, c'est-à-dire 46 degrés, 56 centièmes de degré.

On a dit que l'étoile de seconde grandeur qui figure au bout de la queue de la petite Ourse, et qui correspond actuellement avec le pôle nord du ciel, doit être abandonnée par l'axe de la terre. On a ajouté que cet axe rétrogradant d'un degré en 71 années 2/3, continuera à s'écarter de ladite étoile dont elle se trouvera diamétralement opposée de l'autre côté du cercle en 12895 ans, et qu'au bout de 25865 ans l'axe de la terre ayant achevé sa révolution conique, se retrouvera en face de l'étoile qui figure vers la queue de la petite Ourse et correspond actuellement avec le pôle nord du ciel.

Toutes ces explications servent, comme beaucoup d'autres, pour faire concorder les causes avec les faits qu'on voit effectuer aux corps célestes, et dont on ne connaît pas les véritables raisons qui donnent lieu à ces faits ; mais je suis certain que la postérité prouvera que le mouvement conique qu'on a attribué à l'axe de la terre n'existe pas.

Je dis que je suis certain de cela, parce que ce mouvement n'a aucune raison d'être, surtout pour expliquer la cause de la rétrogradation des équinoxes contre l'ordre des signes du zodiaque.

EXPLICATIONS DES DIVERS DÉPLACEMENTS DE LA TERRE
PAR RAPPORT AU SOLEIL.

La position de la terre par rapport à la sphère céleste devant être suffisamment démontrée, je vais maintenant expliquer quels sont les divers déplacements que le globe terrestre effectue par rapport au soleil, et cela sans comprendre son mouvement de rotation.

Je dis sans comprendre son mouvement de rotation, parce que le mouvement de rotation de la terre ne doit pas être classé parmi les divers déplacements que le globe terrestre effectue par rapport au soleil ; ce mouvement de rotation est à part, et pour ne pas faire de confusion je parlerai des divers déplacements que la terre effectue par rapport au soleil, absolument comme si le globe terrestre ne tournait pas sur lui-même.

Le globe terrestre effectue quatre sortes de déplacements par rapport au soleil, qui sont comme ci-après.

Un déplacement en longitude qui a lieu d'orient en occident ; et, ainsi qu'il a été expliqué (page 34), pour parcourir toute la circonférence de la surface du soleil par son déplacement d'orient en occident, la terre emploie 27 jours.

Le deuxième déplacement de la terre par rapport à la masse du soleil s'effectue également en longitude, mais d'occident en orient. Ce déplacement est la conséquence des fractions de circonférence que la terre néglige de parcourir d'orient en occident pendant que le soleil fait un tour sur lui-même d'occident en orient en 25 jours et demi.

Pour accomplir son mouvement de translation d'occident en orient, par rapport à la masse du soleil et par rapport à la sphère céleste, la terre emploie 365 jours 256377 millionièmes de jours, qui font 365 jours 6 heures, 9 minutes et 11 secondes. Et voici comment s'effectue le deuxième déplacement de la terre.

Pendant que le soleil fait un tour sur lui-même d'occident en orient en 25 jours et demi, la terre par sa résistance au mouvement de rotation du globe solaire se déplace en longitude d'orient en occident, par rapport à la surface du soleil, de la valeur de 334 degrés 866968 millionièmes de degrés : il ne s'en faut donc que de 25 degrés 133032 millionièmes de degrés pour que la résistance du globe terrestre au mouvement de rotation du soleil soit complète, et que la terre reste fixée à la même place dans le ciel.

Ainsi donc, lorsque le globe solaire a achevé son mouvement de rotation, lorsqu'un point quelconque du soleil a parcouru d'occident en orient toute la circonférence de la sphère céleste en 25 jours et demi, et qu'il est revenu en face de la même étoile fixe qui a servi de point de départ, le globe terrestre se trouve transporté d'occident en orient soit par rapport à la sphère céleste, soit par rapport à la masse du soleil, de la valeur de 25 degrés 133032 millionièmes de degrés.

Les choses se passent ainsi parce que pendant qu'un point quelconque du soleil parcourt les 360 degrés dont se compose la circonférence de la sphère céleste, la terre se déplaçant en sens contraire d'orient en occident, par rapport à la surface du soleil, de la valeur de 334 degrés 866968 millionièmes de degrés, il s'ensuit naturellement que le globe terrestre se trouve transporté à l'orient du point de départ et d'arrivée de la valeur des 25 degrés 133032 millionièmes de degrés qu'il a négligé de se déplacer d'orient en occident.

En renouvelant ces 25 degrés 133032 millionièmes de degrés 14 fois 323779 millionièmes de fois on trouve les 360 degrés dont se compose la circonférence soit de la sphère céleste, soit de la masse du soleil. De même qu'en renouvelant 14 fois 323779 millionièmes de fois les 25 jours et demi que le soleil emploie pour faire un tour sur lui-même, on voit que pour effectuer son mouvement de translation d'occident en orient soit par rapport à la masse du soleil, soit par rapport à la sphère céleste, la terre emploie 365 jours 256377 millionièmes de jour, qui font 365 jours, 6 heures, 9 minutes et 11 secondes.

Ainsi donc le mouvement de translation de la terre d'occident en orient par rapport à la sphère céleste est la conséquence du mouvement de rotation du soleil, qui tend à faire circuler les planètes d'occident en orient, ainsi que de la résistance du globe terrestre au mouvement de rotation du soleil.

Le troisième déplacement de la terre par rapport
au soleil est celui par lequel le globe terrestre se porte
alternativement du midi au nord et du nord au midi
du soleil en croisant deux fois l'équateur solaire.

Le troisième déplacement de la terre par rapport
au soleil est la cause de la variation de la durée des
jours et des nuits pour les divers pays de la terre ; il
marque la durée des saisons, ainsi que l'accomplissement des années.

Lorsque le globe terrestre se trouve le plus au nord
par rapport au soleil, les rayons vecteurs de cet astre
décrivent autour de la terre le tropique du Capricorne : les habitants de l'hémisphère méridional ont les
plus grands jours, et ceux de l'hémisphère septentrional les plus petits.

Dans le cas contraire, lorsque, après avoir croisé
l'équateur solaire, la terre se trouve ensuite le plus
au midi du soleil, les rayons vecteurs de cet astre décrivent le tropique du Cancer : les habitants de l'hémisphère boréal de la terre ont les plus grands jours,
et ceux de l'hémisphère austral les plus petits.

On appelle ces deux positions de la terre par rapport au soleil solstice d'hiver et solstice d'été ; et cette
dénomination a été donnée à l'égard de l'hémisphère
septentrional, parce que c'est celui de la terre où il y a
le plus d'habitants.

Entre les deux solstices il y a deux autres positions
de la terre par rapport au soleil, qu'on appelle l'une

équinoxe d'automne, et l'autre équinoxe du printemps. Dans ces circonstances, les rayons vecteurs du soleil décrivent l'équateur terrestre, et les jours sont égaux aux nuits pour tous les pays de la terre.

Ce sont les retours de la terre vers le même tropique qui marquent l'accomplissement d'une année composée de quatre saisons, et la durée d'une année est de 365 jours, 242187 millionièmes de jour, qui font 365 jours, 5 heures, 48 minutes et 45 secondes.

Les deuxième et troisième déplacements de la terre par rapport au soleil ont chacun leur conséquence, car on a vu (page 47) que, pour effectuer son mouvement de translation d'occident en orient par rapport au soleil et par rapport à la sphère céleste, la terre emploie 365 jours, 6 heures, 9 minutes et 11 secondes, tandis que, pour aller d'un tropique à l'autre et revenir vers le même tropique en croisant deux fois l'équateur solaire, le globe terrestre n'emploie que 365 jours, 5 heures, 48 minutes et 45 secondes.

Il faut donc à la terre pour parcourir d'occident en orient la circonférence du soleil, ainsi que celle de la sphère céleste, et revenir vers la même étoile fixe, 20 minutes et 26 secondes de plus que pour se porter d'un tropique à l'autre et revenir vers le même tropique.

Cette différence de temps vient de ce que le parcours que la terre effectue en latitude, en allant d'un tropique à l'autre et revenant vers le même tropique, est un peu moins grand que le cercle formé par les 12 signes du zodiaque qui composent la circonférence de la sphère céleste.

Pour bien se rendre compte comment s'effectue le déplacement en latitude de la terre allant d'un tropique à l'autre, et revenant vers le même tropique en croisant deux fois l'équateur solaire,

On place sur une table une lampe ayant un globe rond, et au centre de ce globe, qui représente le soleil, on forme un cercle horizontal qui représente l'équateur solaire.

On place ensuite un globe terrestre dont l'équateur figure horizontalement et se trouve à environ 23 degrés au-dessous de l'équateur solaire, et par cette figure on représente la terre vers l'un de ses tropiques.

On fait ensuite circuler d'occident en orient le globe terrestre autour du soleil, en conservant rigoureusement ses pôles perpendiculairement opposés l'un à l'autre, et pendant que la terre fait le quart du tour du soleil on l'élève en même temps de manière à ce que son équateur se trouve à la hauteur de l'équateur solaire.

Alors, les rayons vecteurs du soleil décrivent l'équateur du globe terrestre, qui, dans cette circonstance, se trouve dans l'un de ses équinoxes, et cela marque l'accomplissement d'une saison.

On continue à élever la terre de la valeur d'environ 23 degrés, ce qui correspond avec l'autre tropique quand le globe terrestre a parcouru la moitié de la

circonférence du soleil et on abaisse ensuite la terre
jusqu'à ce que les deux équateurs solaire et terrestre
se retrouvent encore au même niveau pour représen-
ter l'autre équinoxe.

Enfin, on continue l'abaissement de la terre d'environ 23 degrés pour qu'elle se retrouve vers le même
tropique qui a servi de point de départ, et le mouvement en latitude de la terre se trouve accompli.

Par cette expérience on a figuré les quatre saisons,
qui représentent une année, et on voit que pour cela il
n'est pas nécessaire que le globe terrestre soit incliné
sur le soleil, comme on l'a cru jusqu'à ce jour.

Ce qui a fait croire à l'inclinaison du globe terrestre
sur le soleil c'est le cercle écliptique qui va d'un tropique à l'autre en croisant l'équateur ; mais par l'expérience que je viens de démontrer on voit qu'il n'est
pas nécessaire que la terre soit inclinée sur le globe solaire pour que le cercle écliptique s'étende d'un tropique à
l'autre en croisant l'équateur aux époques des équinoxes.

Le quatrième déplacement de la terre par rapport
au soleil est une oscillation que le globe terrestre effectue en se rapprochant et en s'éloignant alternativement
du soleil. On s'est aperçu de ce déplacement en voyant
augmenter et diminuer la grandeur du disque solaire ;
on a pensé que cette variation que prend aux regards
des hommes la largeur du soleil ne peut être que la
conséquence du rapprochement et de l'éloignement alternatifs du globe terrestre au globe solaire.

L'éloignement et le rapprochement de la terre au soleil s'effectuent très-lentement, car, pour aller de son périgée à son apogée, et revenir vers le même apside, la terre emploie 365 jours, 260648 millionièmes de jour, qui font 365 jours, 6 heures, 15 minutes, 20 secondes.

Cela fait 6 minutes et 9 secondes de plus que la terre n'emploie pour faire sa révolution d'occident en orient par rapport à la même étoile fixe, et 26 minutes, 35 secondes de plus qu'il faut au globe terrestre pour aller d'un tropique à l'autre et revenir vers le même tropique, ce qui compose une année.

EXPLICATION DES CONSÉQUENCES QUE PEUVENT AVOIR LES
DÉPLACEMENTS DES APSIDES DE LA TERRE SUR LES
GLACIERS DE CES DEUX POLES.

Le quatrième déplacement de la terre par rapport
au soleil prouve, une fois de plus, que pour se rendre
compte des causes des faits qu'on voit effectuer aux
corps célestes, il ne faut pas confondre les uns avec
les autres les divers mouvements qu'on voit effectuer
au globe terrestre soit par rapport au soleil, soit par
rapport aux étoiles fixes ; il faut faire la part de chaque
déplacement de la terre par rapport au soleil afin
d'en comprendre positivement les conséquences.

Comme, par exemple, les 26 minutes et 35 secondes
qu'il faut de moins à la terre pour aller d'un tropique
à l'autre et revenir vers le même tropique que pour
passer d'un apside à l'autre et revenir vers le même
apside, ces 26 minutes et 35 secondes d'inégalité entre
ces deux sortes de mouvements de la terre autour du
soleil entraînent de grandes conséquences, car, tous les
dix mille ans, ou à peu près, les saisons des hémi-
sphères de la terre changent de durée.

Les deux saisons qui, à certaines époques, étaient
d'une plus grande durée, se trouvent dix mille ans
après d'une plus petite, et ainsi de suite.

Comme, par exemple, pour l'hémisphère septentrional, les deux saisons du printemps et d'été sont

d'une plus grande durée que celles de l'automne et
de l'hiver par le temps qui court. Dans dix mille ans, à
peu près, ce sera l'inverse parce que, à cette époque, la
terre sera périgée pendant les deux saisons du printemps
et d'été pour l'hémisphère septentrional, et, aujourd'hui,
elle est apogée.

Dans dix mille ans, et toujours pour l'hémisphère
septentrional, la marche orientale de la terre par rapport au soleil s'effectuera plus rapidement pendant les
deux saisons du printemps et d'été que pendant celles
d'automne et d'hiver ; tandis que, maintenant, c'est l'opposé : la marche orientale de la terre autour du soleil
s'effectue plus rapidement pendant les deux saisons d'automne et d'hiver que pendant celles du printemps et d'été.

Ces variations des durées des saisons dépendent des
déplacements des apsides de la terre par rapport à ces
saisons, et ces déplacements viennent de ce qu'il faut
plus de temps à la terre pour revenir vers le même
périgée ou vers le même apogée que pour revenir vers
le même tropique ou vers le même équinoxe.

La variation des apsides de la terre peut occasionner
de grands changements dans les glaciers qui existent
aux extrémités des deux pôles du globe terrestre, car il
est très-présumable que les passages alternatifs des
deux pôles, du plus grand rapprochement du soleil au
plus grand éloignement de cet astre pendant les saisons
d'automne et d'hiver, fassent varier alternativement l'é-
tendue de leurs glaciers.

Comme, par exemple, par le temps qui court maintenant, le pôle méridional de la terre a ses saisons d'automne et d'hiver pendant que le globe terrestre est le plus éloigné du soleil. Ce fait ne pourrait-il pas être la cause que, maintenant, les glaciers du pôle sud sont plus grands que ceux du pôle nord, et ne pourrait-il pas arriver que, dans dix mille ans, ou à peu près, lorsque ce sera l'inverse, lorsque le pôle septentrional se trouvera dans ses saisons d'automne et d'hiver, pendant que la terre sera à son plus grand éloignement du soleil, ne pourrait-il pas arriver, dis-je, que les glaciers du pôle nord auront plus d'étendue que ceux du pôle sud, et ainsi de suite ?

Quoi qu'il en soit de cette conjecture, j'affirme que la révolution entière des apsides de la terre, par rapport à ces quatre saisons, s'effectue en 19784 ans, 6 mois, 29 jours, 11 heures, 28 minutes et 26 secondes.

Par ce fait, pendant que la terre revient 20 mille fois vers le même équinoxe, ou 20 mille fois vers le même tropique en 20 mille ans, elle ne revient que 19999 fois vers le même apside.

EXPLICATIONS SUR LES CONSÉQUENCES QU'OCCASIONNE CHAQUE DÉPLACEMENT DE LA TERRE PAR RAPPORT AU SOLEIL.

Pour bien faire comprendre la différence qui existe entre les divers déplacements de la terre, ainsi que les conséquences qui en découlent, je ferai remarquer que si le déplacement en latitude de la terre par rapport au soleil cessait d'avoir lieu ; si le globe terrestre n'exécutait plus que son mouvement de translation d'occident en orient, autour du soleil, il s'ensuivrait que la variation de la durée des jours cesserait d'exister, et que, aux regards des hommes, le soleil continuerait à se déplacer, d'occident en orient, en passant chaque mois d'un signe du zodiaque à un autre ; tandis que, dans le cas contraire, si le mouvement de translation de la terre d'occident en orient, par rapport au soleil et par rapport aux étoiles fixes, cessait d'exister, et que le globe terrestre continua à se déplacer en latitude par rapport au soleil. Dans cette circonstance, la variation de la durée des jours aurait lieu comme par le passé : la terre continuerait à avoir ses quatre saisons qui composent l'année, mais, aux regards des hommes, le soleil resterait toujours fixé à la même place dans la sphère céleste.

Les divers déplacements de la terre par rapport au soleil étant connus ainsi que les divers mouvements que

ces-déplacements font exécuter au globe terrestre soit
par rapport au soleil, soit par rapport aux étoiles fixes,
il est bien facile d'expliquer les raisons soit de la rétrogradation des équinoxes d'orient en occident contre
l'ordre des signes du zodiaque, soit du mouvement direct des apsides de la terre d'occident en orient, selon
l'ordre de ces mêmes signes.

EXPLICATION DE LA CAUSE DE LA RÉTROGRADATION DES ÉQUINOXES ET DES TROPIQUES D'ORIENT EN OCCIDENT, CONTRE L'ORDRE DES SIGNES DU ZODIAQUE.

On a vu (page 47 et autres) que, pour parcourir d'occident en orient toute la circonférence de la sphère céleste et revenir vers la même étoile fixe qui a servi de point de départ, la terre emploie 365 jours, 256377 millionièmes de jour, qui font 365 jours, 6 heures, 9 minutes et 11 secondes.

On a également vu (page 49 et autres) que, pour aller, d'un tropique à l'autre et revenir vers le même tropique (ce qui compose une année), la terre emploie 365 jours, 242187 millionièmes de jours, qui font 365 jours, 5 heures, 48 minutes et 45 secondes : cela fait 20 minutes et 26 secondes de moins que la terre emploie pour parcourir ses quatre saisons que pour parcourir la circonférence de la sphère céleste et revenir vers la même étoile fixe.

Par cette différence de temps, on voit que, lorsque la terre a achevé son mouvement de translation d'occident en orient par rapport à la masse du soleil, elle a parcouru toute la circonférence de la sphère céleste et qu'il n'en est pas de même lorsque le globe terrestre est allé d'un tropique à l'autre et revenu vers le même tropique.

Cela vient (ainsi que je l'ai déjà dit, pages 49 et 50)

de ce que le parcours que la terre effectue en latitude, en allant d'un tropique à l'autre et revenant vers le même tropique, est un peu moins grand que le cercle formé par les douze signes du zodiaque qui composent la circonférence de la sphère céleste.

Par ce fait, quand le globe terrestre a parcouru les quatre saisons qui forment l'année, qu'il est revenu vers le même tropique ou vers le même équinoxe, il lui faut encore 20 minutes et 26 secondes pour se retrouver vers la même étoile fixe qui a servi de point de départ.

Ainsi donc, le même tropique ou le même équinoxe se trouve naturellement à l'occident de ladite étoile fixe de toute l'étendue que la terre a encore à parcourir d'occident en orient pour atteindre cette étoile.

En renouvelant les 20 minutes et 26 secondes que les équinoxes et les tropiques rétrogradent par année, on voit que, pour faire le tour du ciel d'orient en occident, contre l'ordre des signes du zodiaque, les points équinoxiaux et solsticiaux de la terre mettent 25739 ans, 743066 millionièmes d'année, qui font 25739 ans 271 jours, 9 heures, 34 minutes et 38 secondes.

Comme conséquence de ce fait, il résulte que tous les 2000 ans, et un peu plus, les équinoxes et les tropiques de la terre rétrogradent d'occident en orient de la valeur d'un signe, et c'est ce qui a eu lieu depuis 2000 ans.

Au temps d'Hipparque, qui vivait quelque temps

avant l'ère chrétienne, l'équinoxe du printemps avait lieu quand le soleil était dans le signe du Bélier ; aujourd'hui, c'est dans le signe des Poissons que le soleil se trouve à l'époque du même équinoxe, et, au lieu de figurer dans le signe de la Balance comme il y a deux mille ans aux époques de l'équinoxe d'automne, le soleil se trouve dans le signe de la Vierge.

Pendant les deux tropiques, le soleil figurait, il y a 2000 ans, dans les signes du Cancer et du Capricorne, tandis qu'aujourd'hui c'est dans les signes du Sagittaire et des Gémeaux que le soleil se trouve aux époques des deux solstices d'hiver et d'été.

Cette rétrogradation continuant d'avoir lieu, il s'ensuivra que dans 4000 ans, ce qui fera 6000 ans depuis l'époque d'Hipparque, le soleil figurera dans les signes du Capricorne et du Cancer aux époques des équinoxes, et dans les signes du Bélier et de la Balance aux époques des tropiques ; 6000 ans plus tard, c'est-à-dire dans 10000 ans, le soleil figurera dans le signe de la Balance à l'époque de l'équinoxe du printemps, et dans le signe du Bélier à l'équinoxe d'automne. Les choses se passeront ainsi parce que, à cette époque, les équinoxes auront accompli la moitié de leur révolution rétrograde depuis l'époque d'Hipparque.

Il en sera de même à l'égard des deux tropiques, car celui qui constitue le solstice d'été aura lieu quand le soleil se trouvera dans le signe du Capricorne, et, à l'époque du solstice d'hiver, le soleil figurera dans le signe du Cancer.

12000 ans encore plus tard, c'est-à-dire au bout de 25739 ans à partir de l'époque d'Hipparque, les équinoxes et les tropiques de la terre auront accompli leur révolution entière d'orient en occident contre l'ordre des signes du zodiaque, le soleil retournera figurer dans le signe du Bélier à l'époque de l'équinoxe du printemps, dans celui de la Balance à l'équinoxe d'automne, dans le signe du Cancer à l'époque du solstice d'été, et, enfin, dans celui du Capricorne au solstice d'hiver.

Par ces explications, on voit que la rétrogradation des équinoxes et des tropiques s'effectuant parallèlement d'orient en occident contre l'ordre des signes du zodiaque, cette rétrogradation n'a rien qui oblige l'axe de la terre à se déplacer dans le ciel, surtout en sachant que les retours de la terre vers le même tropique ou vers le même équinoxe tiennent leur origine d'un déplacement particulier du globe terrestre par rapport au soleil.

Ainsi donc, je le répète, il n'est pas vrai que la rétrogradation des équinoxes fasse décrire à l'axe de la terre un mouvement conique dans le ciel, comme il est expliqué dans tous les livres d'astronomie ; la postérité jugera.

DISSERTATION SUR LE MOUVEMENT DIRECT DES APSIDES DES PLANÈTES D'OCCIDENT EN ORIENT, SELON L'ORDRE DES SIGNES DU ZODIAQUE, ET EXPLICATION DE LA VÉRITABLE CAUSE DE CE FAIT ASTRONOMIQUE.

Faute d'avoir observé la *loi commune aux mouvements des corps*, pour ne pas confondre les déplacements qu'effectuent les corps célestes les uns par rapport aux autres, les astronomes ont attribué au mouvement direct des apsides une foule de raisons toutes plus embrouillées et moins compréhensibles les unes que les autres, absolument comme un avocat qui, défendant une mauvaise cause, tâche d'embrouiller la question par une foule de phrases qui font perdre le sens qu'on devrait suivre pour conduire à la vérité.

Après avoir traité de mouvement anomalistique les retours des planètes vers leur même périgée, ou vers leur même apogée, les observateurs du ciel ont, pour expliquer les causes du mouvement direct des apsides des planètes, imaginé des puissances qu'on augmente et diminue à volonté pour faire concorder les causes avec les faits, tandis que le mouvement direct des apsides des planètes d'occident en orient, selon l'ordre des signes du zodiaque, a aussi bien sa raison d'être et il est aussi facile à expliquer que le mouvement direct des syzygies de la lune.

Les syzygies de la lune se portent d'occident en

orient, selon l'ordre des signes du zodiaque, et elles font le tour du ciel en une année, parce que, pendant que la lune fait le tour du globe terrestre en 27 jours, 7 heures, 43 minutes et 4 secondes, et qu'elle revient vers la même étoile fixe qui a servi de point de départ, la terre ayant avancé d'occident en orient autour du soleil de la valeur de presqu'un signe, il s'ensuit que, pour se retrouver en face du globe solaire, la lune a encore un peu plus de deux jours à parcourir, car elle n'arrive vis-à-vis du soleil qu'au bout de 29 jours, 12 heures, 44 minutes et 3 secondes en moyenne.

Le mouvement direct des apsides des planètes d'occident en orient tient son origine absolument de la même cause, attendu que la terre, par exemple, employant plus de temps pour effectuer son mouvement oscillatoire par rapport au soleil que pour faire le tour de cet astre, il s'ensuit que, lorsque le globe terrestre a parcouru d'occident en orient toute la circonférence de la sphère céleste, et qu'il est revenu vers la même étoile fixe qui a marqué le point de départ, il n'a pas encore atteint le même périgée, ou le même apogée.

Ainsi donc, par ce seul fait, les apsides de la terre se trouvent naturellement transportés d'occident en orient de la valeur du temps qu'il faut au globe terrestre pour atteindre son même apogée, ou périgée, après avoir atteint la même étoile fixe qui a servi de point de départ.

Le mouvement direct des apsides de la terre s'effec-

tue très-lentement parce que le temps qu'emploie le
globe terrestre pour aller de son périgée à son apogée
et revenir vers le même apside n'étant que de 6 minutes et 9 secondes de plus que celui qu'il lui faut
pour parcourir la circonférence de la sphère céleste et
revenir vers la même étoile fixe, il faut que cette différence de 6 minutes et 9 secondes soit renouvelée bien
des fois pour composer la durée d'une révolution entière des apsides de la terre d'occident en orient, selon
l'ordre des signes du zodiaque.

J'ai calculé que pour effectuer cette révolution, les
périgées et apogées de la terre emploient 85520 ans,
121951 millionièmes d'année, qui font 85520 ans,
44 jours, 12 heures, 59 minutes et 58 secondes.

RÉSUMÉ SUR L'ENSEMBLE DES DÉPLACEMENTS DE LA TERRE
PAR RAPPORT AU SOLEIL ET DES CONSÉQUENCES QUI EN
DÉCOULENT.

La terre effectue quatre sortes de déplacements par
rapport au soleil : le premier est marqué par la
résistance au mouvement de rotation du globe solaire
qui tend à faire circuler d'occident en orient toutes les
planètes qui font partie de son système ;

Le deuxième est celui par lequel la terre parcourt
d'occident en orient toute la circonférence de la masse
solaire, ainsi que de la sphère céleste, et qu'elle revient
vers la même étoile fixe qui a marqué le point de départ ;

Le troisième déplacement de la terre par rapport au
soleil est celui par lequel elle se porte du midi au nord,
et du nord au midi du globe solaire, en passant d'un
tropique à l'autre, et revenant vers le même tropique ;

Enfin, le quatrième déplacement du globe terrestre
est son oscillation continuelle en passant alternativement de son plus grand rapprochement du soleil à
son plus grand éloignement, et de son plus grand éloignement à son plus grand rapprochement.

Ce dernier déplacement constitue les apsides de la
terre, également connus sous les noms de périgée et
apogée.

Le parcours en latitude de la terre, par rapport au

soleil, en allant d'un tropique à l'autre, et revenant vers le même tropique, étant, ainsi qu'il a déjà été expliqué plusieurs fois, un peu moins grand que la circonférence du soleil et de la sphère céleste, les retours du globe terrestre vers le même tropique, ou vers le même équinoxe, ont lieu un peu plus tôt que ces mêmes retours vers la même étoile fixe.

Par ce fait, il s'ensuit naturellement que lesdits équinoxes et tropiques se trouvent à l'occident de ladite étoile de la valeur que la terre a encore à parcourir d'occident en orient, pour accomplir sa révolution, par rapport au soleil et à la sphère céleste, lorsque la révolution tropicale ou équinoxiale est achevée.

Ceci explique parfaitement la cause de la rétrogradation des équinoxes et des tropiques de la terre d'orient en occident, contre l'ordre des signes du zodiaque, et il est inutile de chercher autre part la raison de ce fait astronomique.

La terre, employant un peu plus de temps pour aller d'un apside à l'autre et revenir vers le même que pour parcourir la circonférence du soleil et de la sphère céleste, il résulte que, lorsque le globe terrestre a accompli son mouvement oscillatoire et qu'il est revenu vers le même apside, il a un peu dépassé vers l'orient l'étoile fixe qui a marqué le point de départ.

Par ce fait, les apsides de la terre se trouvent naturellement transportés d'occident en orient, et cela explique encore une fois pourquoi les périgées ou apogées du globe terrestre effectuent un mouvement direct d'occident en orient, selon l'ordre des signes du zo- diaque.

Il est donc tout à fait inutile que les astronomes cherchent la raison de ce dernier fait astronomique dans des hypothèses dont ils augmentent et diminuent les puissances, puisque, pour expliquer la cause du mouvement direct des apsides, ainsi que celle de la rétrogradation des tropiques et des équinoxes, il suffit, ainsi que je viens de le démontrer, de faire la part de chaque déplacement de la terre par rapport au soleil et des conséquences qui en découlent.

Les déplacements de la terre par rapport au soleil, ainsi que les conséquences de ces divers déplacements, devant être suffisamment expliqués pour être com- pris, je vais démontrer les divers déplacements de la lune par rapport à la terre.

Pour bien se rendre compte des raisons des mou- vements qu'on voit effectuer à la lune dans le ciel soit par rapport au soleil, soit par rapport aux étoiles fixes, il faut, avant tout, bien examiner les divers déplace- ments qu'elle exécute par rapport à la terre, attendu que, ainsi que je l'ai déjà dit bien des fois, la lune ne peut point avoir d'autres déplacements qui lui soient propres que ceux qu'elle effectue par rapport à la terre, qui est son centre de gravité, et par laquelle elle est emportée dans l'espace autour du soleil.

Le système terrestre, composé de la terre et de la

lune circulant autour du soleil comme un seul corps,
avant d'attribuer au globe lunaire, comme lui appartenant, les divers mouvements qu'on lui voit effectuer
dans le ciel, il faut en déduire les divers déplacements
que la terre lui fait exécuter.

C'est, sans doute, faute d'avoir suffisamment distin-
gué les différents déplacements de la lune par rapport
à la terre que les observateurs du ciel n'ont pas encore pu, jusqu'à ce jour, expliquer quelles sont les véritables causes de certains faits qui s'effectuent dans le
système terrestre dont les hommes font partie.

Je parle de la rétrogradation des nœuds de la lune
d'orient en occident contre l'ordre des signes du zodiaque, ainsi que du mouvement opposé de ces apsides, qui
ont lieu d'occident en orient selon l'ordre des mêmes
signes.

DISSERTATION SUR L'ENSEMBLE DU SYSTÈME TERRESTRE
COMPOSÉ DE LA TERRE ET DE LA LUNE.

Un observateur placé sur un corps éloigné de la terre verrait que l'ensemble du système terrestre, composé de la terre et de la lune, occupe moins de place dans l'espace que le corps même du soleil, attendu que l'ellipse que parcourt la lune autour de la terre n'a qu'un diamètre d'environ 180 mille lieues, tandis que le disque du soleil a un diamètre de 320 mille lieues.

La lune fait partie du domaine de la terre absolument comme tous les corps qui appartiennent au système terrestre ; elle figure dans ce système absolument comme une montgolfière qui serait conditionnée de manière à ne plus rejoindre le sol terrestre.

L'organisation physique de la lune lui fait exécuter divers déplacements par rapport à la terre, mais sans, pour cela, abandonner le système terrestre dont elle fait partie, et qu'elle accompagne dans ses mouvements par rapport au soleil.

La terre étant le centre de gravité de tous les corps qui font partie de son système elle emporte ces corps avec elle dans ses déplacements par rapport au soleil, absolument comme un bâtiment sur mer emportant avec lui tout ce qui fait partie de sa cargaison.

La terre est à la lune ce qu'elle est à un ballon qui voyage dans son atmosphère, à un bâtiment qui coule sur la mer, à un train de chemin de fer qui circule sur

la terre, ainsi qu'aux divers corps appuyés sur son sol ;
en un mot, la terre est le point d'appui de tous les
corps qui font partie de son système, mais ce qui sou-
tient ces corps n'est pas tout de la même nature.

Comme, par exemple, le train d'un chemin de fer, et
tout ce qui ne va ni sur l'eau, ni dans l'air, est appuyé
sur le sol terrestre : les bateaux et les vaisseaux sont
appuyés sur l'eau, les ballons et la lune sont appuyés
sur l'océan atmosphérique de la terre, avec la différence que les montgolfières ne peuvent pas s'écarter
autant du sol terrestre que la lune parce que leur organisation physique ne le leur permet pas.

Tous les corps dont je viens de parler peuvent exécuter divers déplacements par rapport à la circonférence de la terre ; ils sont tous indistinctement emportés par les divers déplacements que le système
terrestre effectue par rapport au soleil, et dont celui
de translation d'occident en orient a lieu par une vitesse de 415 lieues, 3 quarts par minute.

La lune, comme tous les corps qui font partie du
système terrestre, est emportée par le mouvement de
translation de la terre autour du soleil, mais il n'en est
pas de même à l'égard du mouvement de rotation du
globe terrestre.

Par suite de son organisation physique, la lune restant toujours à une grande distance de la terre, elle
résiste au mouvement de rotation que cette dernière
effectue, mais elle ne résiste pas totalement.

Le globe lunaire ne résistant pas totalement au mouvement de rotation de la terre, il s'ensuit qu'il est emporté d'occident en orient d'une partie de la circonférence de la sphère céleste, pendant que le globe terrestre fait un tour sur lui-même en 23 heures, 56 minutes et 4 secondes.

Les autres corps qui font partie du système terrestre sont uniformément emportés par le mouvement de rotation de la terre, et ils parcourent tous d'occident en orient les 360 degrés dont se compose la sphère céleste en 23 heures, 56 minutes et 4 secondes, qui est, ainsi que je l'ai déjà dit, le temps que le globe terrestre emploie pour faire un tour sur lui-même.

Les hommes faisant partie du système terrestre comme la lune, et étant interposés entre cette dernière et la terre, peuvent matériellement vérifier les déplacements que le globe lunaire effectue par rapport à la surface du globe terrestre, et, par suite de ces vérifications, se rendre mieux compte qu'on ne l'a fait jusqu'à ce jour des divers mouvements qu'on voit effectuer à la lune dans le ciel.

Lorsque l'orgueil des hommes, joint à leur ignorance, leur faisait supposer que la terre occupait le centre de l'univers, qu'elle en était le corps principal, qu'elle restait immobile et que tous les astres qui semblaient être créés pour le globe terrestre en faisaient le tour en 24 heures, à cette époque il était pardonnable d'accorder à la lune un mouvement particulier qui lui se-

rait propre, et qu'elle effectuerait dans le ciel autour
de la terre, comme les autres corps célestes. Mais aujourd'hui qu'il est bien reconnu par la science que
toutes les planètes qui font partie du système solaire
circulent autour du soleil en emportant avec elles leurs
satellites ou lunes, celles qui en ont ; qu'il est également bien reconnu que la lune ne peut figurer que
comme un corps secondaire, appartenant à la terre
comme les quatre satellites de la planète Jupiter appartiennent à cette dernière planète, ceux de la planète
Saturne, etc., etc.;

Aujourd'hui, enfin, qu'il est matériellement reconnu
que la lune fait partie du système terrestre, on ne doit
plus lui reconnaître d'autres mouvements qui lui appartiennent que les déplacements qu'elle effectue par
rapport à la terre par laquelle elle est emportée autour du soleil.

Lorsqu'on aura reconnu cette vérité, et qu'on l'aura
prise pour base d'opération, il sera facile de se rendre
compte des divers mouvements qu'on voit effectuer à
la lune dans le ciel et combler cette lacune de la science
qui ne fait pas honneur au dix-neuvième siècle, appelé
le siècle des lumières.

J'espère que, d'après les explications que je vais
donner à cet égard, les hommes compétents en astronomie me viendront en aide, et que, bientôt, non-seulement le problème posé par Haley sera résolu, mais
que, bien mieux, il n'y aura plus besoin de poser ce

problème, les divers mouvements de la lune étant parfaitement compris.

Voici le problème qui a été posé par l'astronome
Haley :

*Pourquoi la lune marche-t-elle à pas inégaux ? Pour-
quoi, se refusant aux lois que l'astronomie a tenté de
lui prescrire jusqu'à présent, ne se laisse-t-elle point
asservir à ses calculs ?*

La réponse à faire à cet égard est celle-ci :

« Parce que, jusqu'à ce jour, les astronomes n'a-
vaient pas mis en pratique la *loi commune aux mouvements des corps.* »

DÉSIGNATION DE LA POSITION QU'OCCUPE LA LUNE DANS LE SYSTÈME TERRESTRE DONT ELLE FAIT PARTIE , AINSI QUE DES DÉPLACEMENTS QU'ELLE EFFECTUE PAR RAPPORT A LA TERRE.

Conformément à un ballon, ou à un vaisseau en navigation, la lune a toujours son même côté dirigé vers la terre ; par ce fait, il existe un hémisphère de la lune que les hommes n'ont jamais vu, et cela prouve péremptoirement que le globe lunaire n'effectue pas un mouvement de rotation, comme il est expliqué dans tous les ouvrages sur l'astronomie qui servent d'étude dans les pensions et dans les collèges.

Le mouvement de rotation que la lune semble effectuer est absolument le même que celui que semblerait exécuter un bâtiment au repos dans un port, qui serait vu par un observateur placé au centre de la terre, à 1500 lieues de profondeur, en admettant, comme je l'ai dit page 15, que le globe terrestre fût assez transparent pour que cette observateur puisse apercevoir le vaisseau et le soleil.

La seule différence qui existe entre les mouvements apparents de rotation du vaisseau et celui de la lune, c'est que, pour faire parcourir aux mâts du vaisseau en repos toute la circonscription de la sphère céleste, la terre n'emploie que 23 heures, 56 minutes et 4 secondes, tandis qu'il lui faut un peu plus de 27 jours pour faire exécuter ce mouvement au côté de la lune que les hommes ne voient pas.

Il est facile à reconnaître que ce prétendu mouvement de rotation que la lune exécute en un peu plus de 27 jours n'a lieu que par rapport aux étoiles et par rapport au soleil, mais pas plus que les vaisseaux, ainsi que tous les corps qui font partie du système terrestre, la lune n'est ni le satellite des étoiles, ni celui du soleil.

Ainsi que je l'ai déjà dit bien des fois, le globe lunaire appartient exclusivement au système terrestre, par lequel il est emporté dans l'espace, et on ne peut lui attribuer aucun autre mouvement qui lui appartienne que ceux qu'il exécute par rapport au globe terrestre, qui est son centre de gravité, et sur le système duquel il est appuyé.

Le globe lunaire effectue trois sortes de déplacements par rapport à la terre, et ces trois déplacements, joints au mouvement de rotation du globe terrestre, sont cause que la lune exécute quatre sortes de mouvements par rapport à la surface de la terre.

Le premier des déplacements de la lune par rapport à la terre, celui qui est le plus sensible, c'est son déplacement en longitude d'orient en occident par suite de sa résistance au mouvement de rotation du globe terrestre.

Ce déplacement est le plus sensible et s'effectue le plus rapidement, car, pour se déplacer d'orient en oc-

cident de la valeur de toute la circonférence du globe
terrestre, la lune n'emploie que 24 heures, 50 minutes
et 28 secondes.

Le deuxième déplacement de la lune par rapport à
la terre est celui par lequel elle se porte du midi au
nord et du nord au midi du cercle écliptique qui caractérise le centre du système terrestre (1) ; ce deuxième déplacement s'effectue en 27 jours, 5 heures,
5 minutes et 35 secondes.

Le troisième déplacement de la lune est une oscillation qu'elle effectue en s'approchant et s'éloignant alternativement du globe terrestre.

Pour passer de son plus grand rapprochement à son
plus grand éloignement de la terre, et revenir sur le
même apside, la lune emploie 27 jours, 13 heures,
18 minutes et 27 secondes.

---

(1) Le cercle écliptique représente le centre du système terrestre
parce qu'il figure autour de la terre aux endroits où passe une ligne
droite tirée du soleil à la terre, passant par le centre de cette dernière,
et aboutissant dans le ciel au côté diamétralement opposé à celui où
figure le soleil aux regards des hommes.

Par suite de ces divers déplacements par rapport au soleil, il s'ensuit qu'à chaque tour que la terre fait sur elle-même en 23 heures,
56 minutes et 4 secondes, tous les points de la circonférence du globe
terrestre reprennent leur même position soit par rapport à la sphère
céleste, soit par rapport au cercle écliptique qui partage la terre en
deux parties égales, dont l'une au nord, et l'autre au midi dudit cercle.

DÉSIGNATION DES QUATRE MOUVEMENTS QUE LA LUNE
EFFECTUE PAR RAPPORT A LA TERRE PAR SUITE DES
TROIS DÉPLACEMENTS DONT IL VIENT D'ÊTRE PARLÉ
DANS LE CHAPITRE PRÉCÉDENT, ET EXPLICATION DES
VÉRITABLES CAUSES DE LA RÉTROGRADATION DES NŒUDS
DE LA LUNE D'ORIENT EN OCCIDENT CONTRE L'ORDRE
DES SIGNES DU ZODIAQUE, AINSI QUE DU MOUVEMENT
DIRECT DE SES APSIDES SELON L'ORDRE DES MÊMES
SIGNES.

Le premier des quatre mouvements de la lune par
rapport à la terre, celui qui s'effectue le plus rapidement, c'est celui qu'elle exécute en longitude d'orient en
occident par suite de sa résistance au mouvement de
rotation de la terre.

Ainsi qu'il en a été parlé, page 76, j'ai calculé que,
pour parcourir entièrement la circonférence de la terre
d'orient en occident, la lune n'emploie que 24 heures,
50 minutes et 28 secondes, ce qui ne fait que 54 mi-
minutes et 24 secondes de plus que du temps qu'il faut
à la terre pour faire un tour sur elle-même.

Je me suis également rendu compte que, pendant
que la terre effectue son mouvement de rotation d'occident en orient en 23 heures, 56 minutes et 4 secondes, la lune se déplace d'orient en occident, par rapport à la surface du globe terrestre, de la valeur de
346 degrés 859594 millionièmes de degré.

Cela fait 13 degrés 140409 millionièmes de degré qui restent au globe lunaire à parcourir d'orient en occident pour achever son mouvement occidental autour du globe terrestre quand ce dernier a achevé son mouvement de rotation.

Pour parcourir ces 13 degrés 140409 millionièmes de degré la lune emploie 54 minutes et 24 secondes, qui, étant ajoutées aux 23 heures, 56 minutes et 4 secondes, font bien les 24 heures, 50 minutes et 28 secondes que la lune emploie pour parcourir d'orient en occident les 360 degrés dont se compose la circonférence de la terre.

Le déplacement occidental de la lune par rapport à la surface de la terre s'effectue rapidement, car, pour parcourir d'orient en occident la valeur d'un degré, qui équivaut à 25 lieues, la lune n'emploie que 4 minutes et 8 secondes.

Ce mouvement occidental du globe lunaire étant celui qui indique la vitesse de la marche de l'ombre projetée derrière la lune à la surface de la terre lorsqu'il y a éclipse de soleil, j'ai cru devoir convertir les 360 degrés dont se compose la circonférence du globe terrestre en 40 millions de mètres, qui est l'étendue qu'on attribue au tour de la terre.

J'ai fait cela pour pouvoir préciser la vitesse du mouvement occidental de la lune en un temps donné, et j'ai trouvé que les 40 millions de mètres étant parcourus par le globe lunaire d'orient en occident en 24 heures, 50 minutes et 28 secondes, qui font 89428 secondes, il s'ensuit que l'ombre projetée derrière la lune, quand il y a éclipse de soleil, circule d'orient en occident autour de la terre par une vitesse de 447 mètres par seconde.

Je suis certain que sur le parcours de 447 mètres par seconde il n'y a pas un centimètre d'erreur, s'il est vrai que la circonférence de la terre contienne, comme on l'a dit, 40 millions de mètres.

Le deuxième mouvement de la lune est celui qu'elle exécute d'occident en orient par rapport à la masse de la terre et par rapport aux étoiles fixes. Ce mouvement est la conséquence de la fraction de cercle que la lune néglige de se déplacer d'orient en occident pendant que la terre fait un tour sur elle-même ; cette fraction de cercle étant, ainsi qu'il a été expliqué pages 78 et autres, de 13 degrés 140409 millionièmes de degré, en renouvelant cela 27 fois 396406 millionièmes de fois on trouve les 360 degrés dont se compose la circonférence de la terre, et on voit aussi que 27 fois 396406 millionièmes de fois 23 heures, 56 minutes et 4 secondes, qui est le temps que la terre emploie pour faire un tour sur elle-même, font 27 fois 321575 millionièmes de fois 24 heures, qui représentent la durée d'un jour en moyenne.

Ainsi donc, en sachant que la terre fait 27 tours 396,406 millionièmes de tour sur elle-même pendant

que la lune se déplace d'occident en orient des 360 degrés dont se compose la circonférence de la sphère céleste ; en sachant aussi que ces 27 tours 396406 millionièmes de tour, composés de 23 heures, 56 minutes et
4 secondes, équivalent à 27 jours 321574 millionièmes
de jour, composés de 24 heures, on voit que pour accomplir son deuxième mouvement d'occident en orient
la lune emploie 27 jours, 7 heures, 43 minutes et 4 secondes.

Le troisième mouvement de la lune par rapport à
la terre est celui qu'elle exécute par rapport à l'écliptique en se portant du nord au midi et du midi au nord
de ce cercle.

Ainsi que je l'ai dit (note de la page 76), les divers
déplacements de la terre par rapport au soleil sont
cause qu'à chaque tour que le globe terrestre fait sur
lui-même en 23 heures, 56 minutes et 4 secondes,
toutes les parties de la circonférence de la terre reprennent leur même position soit par rapport à la
sphère céleste, soit par rapport au cercle écliptique, qui
est immobile dans le ciel.

Les choses se passent ainsi parce que, par son déplacement en latitude par rapport au soleil, la terre
se portant alternativement du nord au midi et du midi
au nord de cet astre, il s'ensuit que les rayons vecteurs du soleil varient également par rapport au globe
terrestre ; ils vont aussi du nord au midi et du midi au
nord de la terre ; le cercle tracé par les rayons vecteurs

du soleil figure par un plan incliné sur l'équateur terrestre allant d'un tropique à l'autre.

Le cercle écliptique reste immobile dans le ciel, et il est représenté par la ligne que semble parcourir le soleil en une année dans la sphère céleste par suite du mouvement de translation de la terre d'occident en orient.

Ce même cercle écliptique reste également immobile autour du globe terrestre, et les divers pays de la surface de la terre reprennent leur même position par rapport au cercle écliptique, ainsi que par rapport à la même étoile fixe, toutes les 23 heures, 56 minutes et 4 secondes, qui est le temps que la terre emploie pour faire un tour sur elle-même.

Le mouvement de rotation de la terre, déplaçant continuellement les endroits qui indiquent la position qu'occupe le cercle écliptique autour du globe terrestre, il serait difficile aux hommes de se rendre un compte exact sur la terre au sujet des époques auxquelles la lune croise ledit cercle écliptique et se trouve dans l'un de ses nœuds (1).

Faute de pouvoir se rendre compte, sur la terre, des divers déplacements de la lune soit par rapport au cercle écliptique, soit par rapport à la masse de la terre,

(1) On appelle le nœud de la lune chaque fois qu'elle se trouve sur le cercle écliptique, qu'elle croise alternativement en se portant du nord au midi et du midi au nord dudit cercle.

les hommes ont les étoiles fixes qui servent de jalons pour marquer les mouvements des corps mobiles, et, au moyen des étoiles, on peut parfaitement se rendre compte des divers déplacements que la lune effectue par rapport à la terre.

Je dis qu'on peut vérifier les divers déplacements que la lune effectue par rapport à la terre au moyen des étoiles fixes, parce que la circonférence de la sphère céleste est parfaitement conforme à celle de la sphère terrestre, et le cercle écliptique qui figure dans le ciel est absolument le même que celui qui figure autour du globe terrestre.

Ces deux cercles, qui dépendent l'un de l'autre, sont également inclinés sur l'équateur, et s'étendent d'un tropique à l'autre soit autour du globe terrestre, soit dans la sphère céleste.

Ainsi donc, la sphère céleste ayant absolument la même dimension dans le ciel que la sphère terrestre, il s'ensuit que rien ne peut se déplacer par rapport à la surface de la terre sans se dessiner dans le ciel, comme aussi rien ne peut se déplacer dans le ciel par rapport aux étoiles fixes sans que ce déplacement s'effectue de la même valeur par rapport à la surface de la terre.

Ainsi que je l'ai expliqué, pages 37 et autres, la terre n'effectuant aux regards des hommes aucun autre déplacement par rapport aux étoiles fixes en dehors de son mouvement de rotation, les divers points de la cir-

conférence du globe terrestre reprennent tous leur
même position, par rapport à la sphère céleste, à chaque
tour que la terre fait sur elle-même en 23 heures,
56 minutes et 4 secondes.

Ainsi donc, pour se rendre compte du déplacement
de la lune par rapport à la terre il suffit de remarquer
attentivement les déplacements qu'elle effectue par rapport aux étoiles fixes, toutefois en tenant bien compte
des divers mouvements que la terre lui fait exécuter
dans le ciel.

Je dis en tenant bien compte des divers mouvements que la terre fait exécuter à la lune dans la
sphère céleste, pour ne pas confondre ces derniers
mouvements avec les déplacements qui appartiennent
à la lune, et qui sont par rapport à la terre, par laquelle
elle est emportée dans l'espace autour du soleil.

Les déplacements qui appartiennent à la lune sont,
ainsi que je l'ai déjà expliqué : 1° sa résistance au
mouvement de rotation de la terre ; 2° son passage
alternatif du nord au midi et du midi au nord du cercle
écliptique, qui occupe le centre du système terrestre ;
3° et, enfin, ses oscillations en s'approchant et en s'é-
loignant alternativement du globe terrestre.

Le premier des trois déplacements que je viens de
citer occasionne le mouvement que la lune effectue
d'orient en occident autour de la circonférence de la
terre, et qui s'accomplit en 24 heures, 50 minutes et
28 secondes.

Ce même premier déplacement de la lune, joint à celui que lui fait faire dans le ciel le mouvement de rotation de la terre, ces deux faits réunis sont la cause que le globe lunaire parcourt d'occident en orient la circonférence de la sphère céleste, ainsi que celle de la masse du globe terrestre, en 27 jours, 7 heures, 43 minutes et 4 secondes.

Le même premier déplacement de la lune, joint à son deuxième, par lequel elle se porte du nord au midi et du midi au nord du cercle écliptique, ainsi qu'au déplacement dans le ciel que lui occasionne la terre par son mouvement de rotation, ces trois faits réunis sont la cause que, tout en faisant le tour du globe terrestre, ainsi que de la sphère céleste d'occident en orient, la lune se porte alternativement du midi au nord et du nord au midi du cercle écliptique, qui occupe le centre du système terrestre.

Pour accomplir une de ses révolutions en latitude la lune emploie, ainsi que je l'ai expliqué page 76, 27 jours, 5 heures, 5 minutes et 35 secondes.

La lune emploie moins de temps pour passer du midi au nord et du nord au midi du cercle écliptique qu'il ne lui en faut pour parcourir d'occident en orient toute la circonférence du globe terrestre, ainsi que de la sphère céleste, et revenir vers la même étoile fixe qui a marqué le point de départ.

Cela vient de ce que le parcours que la lune effectue en allant d'un côté à l'autre du cercle écliptique et revenant vers le même côté est moins grand que le cercle écliptique lui-même, la grandeur de ces deux parcours diffère de la valeur de 1 degré 441023 millionièmes de degré.

Par ce fait, lorsque la lune est allée du nord au midi du cercle écliptique, je suppose, et qu'elle est revenue du midi au nord, elle a encore 1 degré 441023 millionièmes de degré à parcourir d'occident en orient pour achever entièrement sa révolution par rapport à la sphère céleste et revenir vers la même étoile fixe qui a marqué le point de départ.

Pour parcourir un degré 441023 millionièmes de degré, d'occident en orient, la lune emploie 2 heures, 38 minutes, 28 secondes, qui, étant ajoutées aux 27 jours, 5 heures, 5 minutes et 35 secondes qu'il lui faut pour aller du nord au midi et revenir du midi au nord du cercle écliptique, ces deux nombres réunis font bien les 27 jours, 7 heures, 43 minutes et 4 secondes que la lune emploie pour parcourir d'occident en orient toute la circonférence de la sphère céleste et revenir vers la même étoile fixe.

Ainsi donc, il est facile à se rendre compte pourquoi les nœuds de la lune effectuent un mouvement rétrograde d'orient en occident contre l'ordre des signes du zodiaque, en sachant qu'à chaque retour de la lune dans son même nœud, qui caractérise une de ses révolutions par rapport au cercle écliptique, le globe

lunaire se trouve à l'occident de l'étoile fixe qui a marqué le point de départ, de la valeur de 1 degré 441023
millionièmes de degré.

Il est inutile de chercher la cause de la rétrogradation des nœuds de la lune autre part que dans les faits
que j'ai cités, c'est-à-dire dans l'inégalité qui existe
entre le parcours que la lune effectue en passant du
nord au midi du cercle écliptique et revenant du midi
au nord dudit cercle, et la grandeur du cercle
écliptique, composé des 12 signes du zodiaque.

J'ai souvent répété la même chose pour être bien
compris, et j'espère avoir atteint ce but à l'égard
du troisième mouvement de la lune par rapport à la
terre, ainsi qu'au sujet de la véritable cause de la rétrogradation des nœuds de la lune d'orient en occident
contre l'ordre des signes du zodiaque.

Maintenant je vais parler du quatrième mouvement qu'effectue la lune par rapport à la terre.

Le quatrième mouvement que la lune effectue par
rapport à la terre est celui par lequel elle s'éloigne et
se rapproche alternativement du globe terrestre.

Ce quatrième mouvement de la lune s'accomplit
en 27 jours, 554480 millionièmes de jour, qui font
27 jours, 13 heures, 18 minutes et 27 secondes, et
il tient son origine de trois choses, qui sont : 1° le
mouvement de rotation de la terre, qui tend à faire
circuler la lune d'occident en orient ; 2° la résistance

du globe lunaire au mouvement de rotation de la terre, qui ralentit le mouvement oriental de la lune ; 3° et enfin, l'oscillation du globe lunaire se portant alternativement de son plus grand rapprochement de la terre à son plus grand éloignement, et revenant vers le même apside.

Ainsi que je l'ai dit plus haut, pour aller d'un apside à l'autre et revenir vers le même, la lune emploie 27 jours, 554480 millionièmes de jour, qui font 27 jours, 13 heures, 18 minutes et 27 secondes, ce qui fait aussi 5 heures, 34 minutes et 23 secondes de plus qu'il ne faut au globe lunaire pour parcourir toute la circonférence de la sphère céleste et revenir vers la même étoile fixe.

La lune parcourant d'occident en orient 13 degrés, 176400 millionièmes de degré par jour, il s'ensuit que lorsqu'elle a parcouru d'occident en orient les 360 degrés dont se compose la circonférence de la sphère céleste en 27 jours, 7 heures, 43 minutes et 4 secondes, qui font 27 jours, 321574 millionièmes de jour, le globe lunaire a encore 3 degrés 068850 millionièmes de degré à parcourir pour revenir vers son même apogée.

Les choses se passent ainsi parce que les 5 heures, 34 minutes et 23 secondes de temps qu'il faut de plus à la lune pour revenir vers son même apside que pour revenir en face de la même étoile fixe qui a servi de point de départ équivalent à 3 degrés, 068850 millionièmes de degré.

Ainsi donc, il est bien facile de se rendre compte de la véritable cause du mouvement direct des apsides de la lune d'occident en orient, selon l'ordre des signes du zodiaque, en sachant qu'à chacun de ses retours vers le même périgée ou vers le même apogée le globe lunaire se trouve transporté d'occident en orient de la valeur de 3 degrés, 068850 millionièmes de degré par rapport aux étoiles fixes. On comprend qu'en multipliant ce nombre par 117 fois 311897 millionièmes de fois on trouve les 360 degrés dont se compose la circonférence de la sphère céleste, comme aussi en multipliant par 117 fois 311897 millionièmes de fois les 27 jours 554480 millionièmes de jour que la lune emploie pour revenir vers le même apside, on trouve les 3232 jours, 11 heures, 14 minutes et 24 secondes que les périgées et apogées de la lune emploient pour faire le tour du ciel d'occident en orient et revenir en face de la même étoile fixe qui a servi de point de départ.

J'espère que ces explications doivent être suffisantes pour faire connaître la véritable cause du mouvement direct qu'effectuent les apsides de la lune d'occident en orient, selon l'ordre des signes du zodiaque, et il doit en être de même quant aux démonstrations que j'ai faites à l'égard de la cause de la rétrogradation des nœuds.

Pour ne rien laisser à désirer et bien faire comprendre la bévue des astronomes au sujet des divers mouvements qu'ils ont attribués à la lune, je vais expliquer ce qui se passerait dans le cas où le globe lunaire n'effectuerait aucun déplacement par rapport à la terre.

En admettant que la lune restât fixée à la même place au sol de la terre, comme l'est un arbre, une maison, et tous les corps qui font partie du système terrestre, en supposant que, semblable à un ballon captif, la lune n'effectuât plus aucun déplacement par rapport à la surface de la terre, mais qu'elle conservât sa distance envers le globe terrestre, dans ce cas il y aurait la moitié des habitants de la terre qui verraient toujours le globe lunaire, et l'autre moitié qui ne le verrait jamais, à moins qu'ils ne se déplaçassent eux-mêmes sur la terre, et qu'ils ne vinssent dans les pays en face desquels se trouverait la lune.

Il arriverait aussi que toutes les 23 heures, 56 minutes et 4 secondes (qui est le temps qu'emploie la terre pour faire un tour sur elle-même) la lune parcourrait d'occident en orient toute la circonférence de le sphère céleste, et pendant ce laps de temps elle présenterait aussi toutes ses faces à une étoile fixe, absolument comme si elle exécutait un mouvement de rotation.

Cependant, dans cette circonstance il serait bien reconnu que le globe lunaire n'exécuterait ni un mouvement de translation, ni un mouvement de rotation, puisqu'il serait immobile comme tous les corps qui font partie du système terrestre et qui sont fixés au sol de la terre.

J'ai fait cette supposition pour bien faire comprendre que les mouvements de rotation et de translation qu'on voit effectuer à la lune dans le ciel ne sont pas des mouvements qui lui sont propres, que ces mouvements dépendent du mouvement de rotation de la terre, puisqu'en restant fixé à la même place le globe lunaire exécuterait ces deux sortes de mouvements en 23 heures, 56 minutes et 4 secondes.

Maintenant que les déplacements que la lune effectue par rapport à la terre sont connus, ainsi que le mouvement que le globe terrestre fait exécuter à la lune dans le ciel, je vais démontrer comment la variation des nœuds de la lune sur le cercle écliptique fait changer la grandeur des écarts en latitude du globe lunaire par rapport à l'équateur terrestre et céleste.

Par les explications que je vais donner on verra que c'est à tort qu'on a attribué à l'axe de la terre une nutation dans le ciel pour faire concorder les changements de position que prend la lune par rapport au globe terrestre par le déplacement de ses nœuds sur le cercle écliptique.

On verra que cette nutation, qui est indiquée dans tous les livres d'astronomie, n'a pas de raison d'être, surtout pour expliquer la variation en latitude des écarts du globe lunaire par rapport à l'équateur céleste et terrestre.

Enfin, les astronomes verront que cette variation des écarts de la lune dépend de la mobilité de ses nœuds sur le cercle écliptique, lequel cercle écliptique occupe le centre du système terrestre et reste immobile autour de la terre comme dans la sphère céleste.

L'immobilité du cercle écliptique vient de ce qu'ainsi que je l'ai déjà expliqué en parlant du troisième déplacement de la terre par rapport au soleil, à mesure que le globe terrestre circule d'occident en orient autour du globe solaire il se porte alternativement du midi au nord et du nord au midi du soleil, en allant d'un tropique à l'autre et revenant vers le même tropique.

Cette variation en latitude de la part de la terre par rapport au soleil détermine un cercle incliné sur l'équateur terrestre, et cette même inclinaison est reproduite par rapport à l'équateur de la sphère céleste, l'axe de la terre restant constamment fixé vers le même point du ciel.

Tous les déplacements que la terre effectue par rapport au soleil étant inaperçus par rapport à la sphère céleste, à cause du grand éloignement qui existe entre le système solaire et la plus rapprochée des étoiles fixes, il s'ensuit qu'ainsi que je l'ai dit (pages 80 et autres), à chaque tour que la terre fait sur elle-même en 23 heures, 56 minutes et 4 secondes toutes les parties de la surface terrestre reprennent leur même position soit par rapport au cercle écliptique figuré dans le ciel, soit par rapport à ce même cercle figuré autour du globe terrestre.

Les choses se passant ainsi, la lune se trouve emportée par la terre comme tous les corps qui font partie du système terrestre, et ses écarts plus ou moins grands, par rapport à l'équateur terrestre, dépendent du déplacement de ses nœuds sur le cercle écliptique

EXPLICATION DE LA CAUSE POUR LAQUELLE LES ÉCARTS EN LATI-
TUDE DE LA LUNE PAR RAPPORT A L'ÉQUATEUR TERRESTRE ET
CÉLESTE NE SONT PAS CONSTAMMENT DE LA MÊME GRANDEUR.

Si le point d'intersection de la lune sur le cercle
écliptique correspondait toujours avec les tropiques,
les écarts de la lune par rapport à l'équateur terrestre
et céleste resteraient toujours les mêmes ; ils seraient
constamment de 23 degrés, 466 millièmes de degré, conformément au déplacement en latitude de la terre par
rapport au soleil.

Il en serait ainsi parce que, dans cette circonstance,
l'inclinaison du cercle parcouru par la lune autour de
la terre serait de la même étendue que l'inclinaison
du cercle écliptique parcouru par la terre autour
du soleil, tandis que lorsque les nœuds de la lune
correspondent avec les équinoxes, l'inclinaison du
cercle parcouru par la lune autour du globe terrestre augmente ou diminue de la valeur d'environ
5 degrés, suivant avec quel équinoxe correspond le
nœud ascendant.

*Exemple.*

Vers la fin de l'année 1857, le nœud ascendant de
la lune correspondait avec l'équinoxe du printemps,
et il s'ensuivait que, dans ses plus grandes latitudes
le globe lunaire s'écartait de l'équateur terrestre et céleste de la valeur de 28 degrés et demi.

Quatre ans et demi plus tard, vers le milieu de

l'année 1862, les nœuds de la lune concouraient avec les tropiques, et les écarts du globe lunaire par rapport à l'équateur étaient à peu près conformes aux déplacements en latitude de la terre par rapport au soleil, c'est-à-dire qu'ils étaient de 23 degrés et demi.

Quatre ans et demi encore plus tard, ce qui correspondait au mois de mars de cette année 1867, le nœud ascendant de la lune correspondant avec l'équinoxe d'automne, les plus grands écarts en latitude du globe lunaire par rapport à l'équateur n'étaient que de 18 degrés et demi.

Dans quatre ans et demi environ, ce qui portera vers la fin de l'année 1871, les nœuds concourront avec les tropiques, et les écarts en latitude de la lune seront, de nouveau, de 23 degrés et demi, comme en 1862.

Quatre ans et demi encore plus tard, ce qui portera en juin 1876, la rétrogradation des nœuds de la lune, à partir de l'année 1857, sera achevée, le nœud ascendant concourra avec l'équinoxe du printemps, comme vers la fin de l'année 1857, et les plus grands écarts en latitude du globe lunaire par rapport à l'équateur seront, de nouveau, de 28 degrés et demi.

L'augmentation et diminution des écarts en latitude de la lune par rapport à l'équateur sont un fait connu et approuvé par la science astronomique, seulement on a attribué à ce fait des fausses causes : on a écrit que la variation des écarts de la lune par rapport à l'équateur dépendait d'un déplacement physique de l'axe de la terre dans le ciel.

On a imaginé cela parce que, en principe, on a attribué à la lune un mouvement qui lui serait propre et qu'elle effectuerait d'occident en orient dans la sphère céleste, sans tenir compte des divers déplacements que le globe lunaire effectue par rapport à la terre, ni de ceux que la terre lui fait exécuter dans le ciel soit par rapport au soleil, soit par rapport aux étoiles fixes.

Par ces différentes bévues on a cru et publié que la variation des écarts que le globe lunaire effectuait en latitude par rapport à l'équateur était due à la nutation de l'axe de la terre, tandis que ces variations dépendent des divers déplacements que la lune effectue par rapport au globe terrestre.

En d'autres termes, ce n'est pas l'axe de la terre qui se déplace dans le ciel pour faire varier la grandeur des écarts en latitude de la lune; cette variation dépend des changements de position que prend le globe lunaire par rapport à la terre, par suite de la variation de ses nœuds sur le cercle écliptique.

EXPLICATION DE LA CAUSE POUR LAQUELLE LA VARIATION DES
NŒUDS DE LA LUNE SUR LE CERCLE ÉCLIPTIQUE FAIT CHAN-
GER LA GRANDEUR DES ÉCARTS DE LA LUNE EN LATITUDE
PAR RAPPORT A L'ÉQUATEUR TERRESTRE ET CÉLESTE.

Le cercle écliptique restant immobile soit autour de
la terre, soit dans la sphère céleste, la lune s'écartant
en latitude de la valeur d'environ 5 degrés dudit cercle écliptique, qui occupe le centre du système terrestre, il est tout naturel que la variation des nœuds de
la lune fasse varier les écarts en latitude de cette dernière, et en voici la raison.

Le cercle écliptique, allant d'un tropique à l'autre,
se trouve incliné de 23 degrés et demi par rapport à
l'équateur ; cette inclinaison augmente ou diminue
naturellement de 5 degrés suivant avec quel équinoxe
le nœud ascendant correspond, et voici pourquoi.

Lorsque le nœud ascendant de la lune correspond
avec l'équinoxe du printemps, l'inclinaison de 5 degrés environ qu'a le globe lunaire sur le cercle écliptique est à ajouter aux 23 degrés et demi d'inclinaison dudit cercle sur l'équateur, tandis que lorsque le
même nœud ascendant se trouve de concourir avec
l'équinoxe d'automne, c'est l'inverse qui a lieu. L'inclinaison des 5 degrés environ est à diminuer sur les
23 degrés et demi, et il ne reste plus environ que 18
degrés et demi aux écarts en latitude de la lune par
rapport à l'équateur terrestre et céleste.

*Conclusion.*

Il n'est pas vrai que l'axe de la terre effectue une nutation dans le ciel, parce que cette nutation n'a pas de raison d'être, surtout pour expliquer la variation des écarts en latitude de la lune par rapport à l'équateur terrestre et céleste.

ÉNUMÉRATION DES QUATRE PÉRIODES DE TEMPS QU'EMPLOIE LA
LUNE POUR REVENIR VERS QUATRE LIGNES IMAGINAIRES QUI
PASSENT PAR LE CENTRE DE LA TERRE ET ABOUTISSENT AU
CERCLE QUE PARCOURT LA LUNE D'OCCIDENT EN ORIENT, SOIT
PAR RAPPORT A LA MASSE TERRESTRE, SOIT PAR RAPPORT A
LA SPHÈRE CÉLESTE.

Les divers déplacements de la terre par rapport au
soleil, ainsi que les déplacements de la lune par
rapport à la terre, ayant été, je crois, suffisamment dé-
montrés, je vais maintenant énumérer les quatre périodes de temps que la lune emploie pour revenir soit
en face du soleil, soit vers le même apside, soit en face
de la même étoile fixe, et soit, enfin, dans son même
nœud.

Pour avoir plus de facilité dans mes explications et
pour être mieux compris, j'appellerai les endroits où
correspondent ces quatre périodes de temps quatre lignes imaginaires qui passent par le centre de la terre
et aboutissent au cercle que parcourt la lune autour
du globe terrestre.

Ces quatre lignes imaginaires sont : l'axe des syzygies de la lune, l'axe de ses apsides, l'axe de la terre
et l'axe des nœuds de la lune.

Parmi ces quatre lignes il y a l'axe de la terre, qui
reste constament dirigé vers le même point du ciel et
sert pour marquer les mouvements des trois autres. L'axe

des syzygies et l'axe des apsides de la lune effectuent un mouvement direct d'occident en orient, selon l'ordre des signes du zodiaque, et l'axe des nœuds de la lune effectue un mouvement, en sens contraire, d'orient en occident, contre l'ordre des mêmes signes.

Pour passer d'une des syzygies à une autre, et revenir vers la même, la lune emploie, en moyenne, 29 jours, 530590 millionièmes de jour, qui font 29 jours, 12 heures, 44 minutes et 3 secondes.

Pour passer d'un apside à un autre, et revenir vers son même périgée ou vers son même apogée, la lune emploie 27 jours, 554480 millionièmes de jour, qui font 27 jours, 13 heures, 18 minutes et 27 secondes.

Pour faire le tour du globe terrestre, et revenir en face de la même étoile fixe qui a marqué le point de départ, la lune emploie 27 jours, 321574 millionièmes de jour, qui font 27 jours, 7 heures, 43 minutes et 4 secondes.

Enfin, pour passer de l'un de ses nœuds à un autre, et revenir dans le même, le globe lunaire emploie 27 jours, 212219 millionièmes de jour, qui font 27 jours, 5 heures, 5 minutes et 35 secondes.

En connaissant les temps que la lune emploie pour revenir soit dans la même syzygie, soit vers le même apside, soit en face de la même étoile fixe, et soit enfin dans son même nœud, on peut se rendre compte des déplacements qu'effectuent, les unes par rapport aux autres, les quatre lignes imaginaires dont j'ai parlé ; et en sachant que l'axe de la terre reste constamment fixé vers le même point du ciel, on se rend compte de la valeur des déplacements des trois autres lignes dans la sphère céleste.

Ces connaissances serviront à prédire plus facilement qu'on ne l'a fait jusqu'à ce jour les époques auxquelles doivent avoir lieu les éclipses de soleil et de lune, parce que se sont les positions respectives qu'occupent sur le cercle écliptique les lignes des syzygies et des nœuds de la lune qui occasionnent les éclipses.

Il est également utile de connaître vers quel apside doit se trouver la lune aux époques des éclipses, mais ces connaissances ne sont pas nécessaires pour indiquer les époques postérieures auxquelles les éclipses doivent avoir lieu ; elles ne servent qu'à en indiquer la nature.

Pour prédire les époques auxquelles doivent avoir lieu les éclipses soit de soleil, soit de lune, il suffit de se rendre compte des positions que doivent occuper postérieurement sur le cercle écliptique les lignes des syzygies et des nœuds de la lune, parce que, je le répète, c'est des positions respectives de ces deux lignes que dépendent les éclipses soit de lune, soit de soleil.

Les éclipses de soleil ont lieu par l'interposition de
la lune entre la terre et le soleil, et les éclipses de lune
sont dues à l'interposition de la terre entre le soleil et
la lune.

Si le parcours du globe lunaire autour de la terre
était dans le même plan que le parcours de la terre
autour du soleil, il y aurait régulièrement deux
éclipses, une de lune et une de soleil, à chaque révolution
synodique du globe lunaire ; ou, en d'autres termes, à
chaque passage de la lune de sa conjonction à son opposition envers le soleil, et de son opposition à sa conjonction, il y aurait alternativement une éclipse de soleil et une éclipse de lune.

Il en serait ainsi parce que chaque fois que la lune
serait en syzygie, elle se trouverait sur une ligne
droite tirée d'un côté à l'autre du cercle écliptique,
passant par le centre du soleil, celui de la terre et
celui de la lune.

Le cercle écliptique occupe le centre de la terre et le
centre du soleil parce que c'est la réunion des centres
de ces deux corps qui forme le cercle écliptique figuré
dans la sphère céleste, et autour du globe terrestre.

Lorsqu'aux regards des hommes le soleil se trouve
dans n'importe quelle partie du cercle écliptique
l'ombre projetée derrière la terre est dirigée vers la

7

partie de ce dernier cercle diamétralement opposée, et
l'ombre de la terre n'abandonne jamais le cercle écliptique: elle en fait le tour d'occident en orient, en même
temps que le globe terrestre fait le tour du soleil dans
le même sens.

Ainsi donc, si pendant sa révolution d'occident en
orient par rapport à la masse terrestre et par rapport
à la sphère céleste, la lune n'effectuait pas un déplacement en latitude par rapport au centre de la terre représenté par le cercle écliptique, elle rencontrerait
toujours l'ombre projetée derrière la terre chaque
fois qu'elle serait en opposition envers le soleil ; comme
aussi son ombre à elle (l'ombre projetée derrière la
lune) rencontrerait toujours le globe terrestre chaque
fois que la lune serait en conjonction entre la terre et
le soleil.

J'explique des choses déjà connues pour bien faire
comprendre que les éclipses dépendent des positions
respectives qu'occupent sur le cercle écliptique les lignes des syzygies et des nœuds de la lune, et qu'il suffit
de connaître les positions que doivent occuper postérieurement ces deux lignes pour pouvoir prédire toutes
les éclipses qui doivent avoir lieu dans dix ans, cent ans,
ou mille ans, au besoin, la longueur du temps ne faisant qu'augmenter la longueur des calculs qui sont
toujours les mêmes.

Ayant démontré ce qui se passerait dans le cas où
le parcours de la lune autour du globe terrestre s'effec-

tuerait dans le même plan que le parcours de la terre
autour du soleil, je vais expliquer comment le déplacement en latitude de la lune par rapport au cercle
écliptique est cause qu'il n'y a pas des éclipses à chaque conjonction et opposition du globe lunaire envers
le soleil.

Ces démonstrations aideront à faire comprendre
comment les éclipses ont lieu lorsque la lune se trouve
dans l'un de ses nœuds, ou près de l'un de ses nœuds,
aux époques des syzygies.

EXPLICATION DE LA CAUSE POUR LAQUELLE IL N'Y A PAS
TOUJOURS DES ECLIPSES CHAQUE FOIS QUE LA LUNE SE
TROUVE EN SYZYGIE, ET DÉMONSTRATION POURQUOI IL Y A
PLUS SOUVENT DES ÉCLIPSES DE SOLEIL QUE DES ÉCLIPSES DE
LUNE.

Le déplacement en latitude de la lune, par rapport
au cercle écliptique, est cause qu'il n'y a pas des éclipses
chaque fois que la lune est en syzygie, parce que, pendant que le globe lunaire est, je suppose, en conjonction entre le soleil et la terre, s'il est éloigné de ses
nœuds, il n'est pas sur le cercle écliptique, et, par la
même raison, il ne se trouve pas sur la ligne droite tirée
d'un côté à l'autre dudit cercle écliptique, passant par
le centre du soleil et celui de la terre.

Par ce fait, l'ombre projetée derrière la lune passe
au-dessous, ou au-dessus du cercle écliptique, suivant
en quelle latitude le globe lunaire se trouve, et cette
ombre ne rencontre pas la terre, qui n'abandonne jamais ledit cercle écliptique.

Il en est de même lorsque la lune est en opposition,
et qu'elle ne se trouve pas dans l'un de ses nœuds, ou
près de l'un de ses nœuds : dans ces circonstances,
l'ombre projetée derrière la terre passe au-dessus, ou
au-dessous de la lune sans la rencontrer, parce que
l'ombre projetée derrière le globe terrestre est toujours
dirigée vers l'écliptique, et la lune ne se trouve sur ce

dernier cercle que lorsqu'elle est dans l'un de ses
nœuds.

La terre étant moins grosse que le soleil, l'ombre
qu'elle projette diminue de largeur à mesure qu'elle se
prolonge : il s'ensuit qu'à la distance de la lune cette
ombre occupe moins de place dans l'espace que n'en
occupe le globe terrestre, et, par cette raison, l'ombre
projetée derrière la terre occupe moins de place sur
l'écliptique que le corps même de la terre.

Ceci est cause qu'il y a plus souvent des éclipses de
soleil que des éclipses de lune, parce que, dans certaines
circonstances, la lune en opposition se trouve suffisamment éloignée de ses nœuds pendant l'un des croisements de l'axe des syzygies pour que l'ombre projetée derrière la terre ne rencontre pas le globe lunaire.

Ces faits ont lieu encore assez souvent, car en 1850,
1857 et 1864, il y a eu deux éclipses centrales de soleil
à chacune de ces trois années, et il n'y a pas eu des
éclipses de lune.

On en verra la raison par les explications qui vont
suivre au sujet des *croisements des nœuds de la lune
avec ses syzygies.*

Par suite du mouvement de translation de la terre
autour du soleil, l'axe des syzygies de la lune circule
d'occident en orient, par rapport à l'axe de la terre et
par rapport à la même étoile fixe, de la valeur de
985647 millionièmes de degré par jour, l'axe des nœuds
de la lune circulant en sens contraire d'orient en oc-

cident de la valeur de 0 degré, 052955 millionièmes de degré aussi par jour. Cela fait un ensemble de 1 degré, 038602 millionièmes de degré par jour, dont les syzygies et les nœuds de la lune s'éloignent et se rapprochent en même temps.

Par ce fait la ligne des syzygies et la ligne des nœuds se croisent alternativement tous les 173 jours, 309891 millionièmes de jour, qui font 173 jours, 7 heures, 26 minutes et 14 secondes.

Les choses se passent ainsi parce que les deux syzygies étant toujours diamétralement opposées l'une à l'autre, et les deux nœuds aussi, il s'ensuit que pour se rencontrer de nouveau après un croisement il y a un espace de 180 degrés à franchir soit par la marche des syzygies d'occident en orient, soit par la marche des nœuds en sens contraire d'orient en occident. Ces deux marches ensemble formant un total de 1 degré, 038602 millionièmes de degré par jour, il résulte, ainsi que je l'ai déjà dit, que les rencontres et croisements ont lieu tous les 173 jours, 309891 millionièmes de jour, qui font 173 jours, 7 heures, 26 minutes et 14 secondes.

Quand l'axe des nœuds et celui des syzygies se trouvent directement sur la même ligne au moment des conjonctions ou oppositions de la lune envers le soleil, il y a éclipse centrale ou de soleil, ou de lune, parce qu'alors le centre du soleil, celui de la terre et celui de la lune se trouvent tous sur une ligne droite rée d'un côté à l'autre du cercle écliptique.

Pour avoir plus de facilité dans mes explications, j'ai appelé la rencontre des deux axes des syzygies et des nœuds *le croisement des nœuds de la lune avec ses syzygies*, et ce n'est qu'aux époques de ces croisements qu'il peut y avoir des éclipses soit de soleil, soit de lune.

A chaque croisement de l'axe des nœuds de la lune avec l'axe des syzygies il arrive rigoureusement une éclipse, quelquefois il y en a deux, et parfois il en arrive trois.

Lorsque, pendant un de ces croisements, il n'y a qu'une éclipse, elle est de soleil ; lorsqu'il en arrive deux, il y en a une de lune et l'autre de soleil, et quand, parfois, il en arrive trois, il y en a deux de soleil et une de lune.

Les années 1859 et 1864 en ont fourni des exemples, car dans la première de ces deux années, en deux croisements des nœuds de la lune avec ses syzygies, il y a eu 6 éclipses, dont 4 de soleil et 2 de lune; et pendant l'année 1864, en deux de ces mêmes croisements, il n'y a eu que deux éclipses de soleil et point d'éclipse de lune.

Voici la raison de ces faits :

On a vu que les nœuds de la lune étant diamétralement opposés l'un de l'autre comme les syzygies, il s'ensuit que, pour aller d'un croisement à un autre, les deux axes ont à parcourir 180 degrés en allant à la rencontre l'un de l'autre ; on a également vu que l'en-

semble de ces deux marches en sens opposé s'effectuait par la quantité de 1 degré, 038602 millionnièmes de degré par jour, et que, par ce fait, les rencontres alternatives avaient lieu tous les 173 jours,
7 heures, 26 minutes et 14 secondes.

On sait aussi que, pour passer d'une syzygie à une
autre et revenir vers la même, la lune emploie en
moyenne 29 jours, 530590 millionnièmes de jour, qui
font 29 jours, 12 heures, 44 minutes et 3 secondes.

Ainsi donc, pour passer de sa conjonction à son opposition, ou de son opposition à sa conjonction envers
le soleil, la lune ne doit employer que la moitié du
temps dont je viens de parler, et cette moitié se trouve
de 14 jours, 765295 millionnièmes de jour.

En multipliant ces 14 jours, 765295 millionnièmes
de jour par 1 degré, 038602 millionnièmes de degré,
on voit que, pendant que la lune passe d'une syzygie à
une autre, l'axe des nœuds se déplace de la valeur de
15 degrés, 335625 millionnièmes de degré par rapport à
l'axe des syzygies.

Par ces proportions on voit que, lorsque au moment du croisement des nœuds de la lune avec les syzygies il arrive, comme aux 5 mai et 30 octobre de
l'année 1864, que la lune se trouve en conjonction juste
à la même époque du centre dudit croisement, il en
résulte une éclipse centrale de soleil ; mais il ne peut
pas y avoir des éclipses de lune ni avant, ni après
ladite éclipse de soleil.

En voici la raison :

Lorsque la lune est en opposition envers le soleil, il suffit qu'elle soit à une distance de 13 degrés de son nœud pour qu'il n'y ait pas d'éclipse de lune ; par conséquent, aux époques des oppositions de la lune, qui ont lieu avant et après la conjonction qui occasionne une éclipse bien centrale de soleil, il ne peut pas y avoir des éclipses de lune, puisque cette dernière se trouve à 15 degrés, 335625 millionièmes de degré de distance de son nœud.

Lorsque, à l'exemple des 4 mars et 28 août de l'année 1859, il arrive que, au moment du croisement de ses nœuds, la lune se trouve juste en opposition envers le soleil, ce qui occasionne une éclipse centrale de lune, il peut y avoir des éclipses partielles de soleil soit avant, soit après ladite éclipse de lune, et en voici la cause :

Quand la lune est en conjonction envers le soleil, il faut qu'elle soit à plus de 19 degrés de distance de son nœud pour que l'ombre qu'elle projette ne rencontre pas la terre, et, par la même raison, pour que le soleil ne soit pas éclipsé.

Ainsi donc, lorsque l'éclipse centrale de lune a lieu bien à la même époque du centre du croisement des nœuds de la lune avec les syzygies, les deux conjonctions de la lune, qui avoisinent l'époque de cette éclipse centrale, ont lieu quand la lune n'est qu'à 15 degrés, 335625 millionièmes de degré de l'un de ses nœuds ;

alors, conformément à ce qui est arrivé aux 4 mars et 28 août de l'année 1859, il y a trois éclipses pendant un croisement des nœuds de la lune avec les syzygies.

Ces trois éclipses sont : une éclipse centrale de lune et deux éclipses partielles de soleil.

Il suffit que la lune soit à une distance de 13 degrés de son nœud pour qu'elle ne soit pas éclipsée pendant une de ses oppositions, et il faut qu'elle soit à plus de 19 degrés de distance de son nœud pour que le soleil ne soit pas éclipsé pendant une des conjonctions de la lune, parce que, ainsi que je l'ai dit, page 105, l'ombre projetée derrière la terre occupe moins de place sur le cercle écliptique que n'en occupe le corps même de la terre.

Ces explications devant être suffisantes pour faire comprendre pourquoi il n'y a pas des éclipses chaque fois que la lune est en syzygie, et, en même temps, pourquoi il y a plus souvent des éclipses de soleil que des éclipses de lune, je vais maintenant indiquer des moyens par lesquels on peut facilement prédire les époques postérieures auxquelles doivent avoir lieu les éclipses soit de lune, soit de soleil.

MOYEN A EMPLOYER POUR CALCULER LES ÉPOQUES AUXQUELLES
DOIVENT AVOIR LIEU LES ÉCLIPSES.

Pour combiner les retours des éclipses il faut se rappeler :

1° Qu'il ne peut y avoir des éclipses soit de soleil, soit de lune, que pendant le croisement des nœuds de la lune avec les syzygies.

2° Que le déplacement des nœuds de la lune par rapport aux syzygies s'effectuant par la quantité de 1 degré,038602 millionièmes de degré par jour, il s'ensuit que les croisements de la ligne des nœuds avec celle des syzygies ont lieu tous les 173 jours, 309891, millionièmes de jour, qui font 173 jours, 7 heures, 26 minutes et 14 secondes.

3° Et enfin, que, pour passer d'une syzygie à une autre, la lune emploie en moyenne 14 jours, 765295 millionièmes de jour, qui font 14 jours, 18 heures, 22 minutes, une seconde et demie.

On doit également se rappeler que, pour qu'une éclipse de lune soit possible, il faut qu'au moment de son opposition envers le soleil le globe lunaire ne soit qu'à une distance de 13 degrés, au plus, de son nœud, tandis qu'aux époques de ses conjonctions il faut que la lune soit au moins à 19 degrés de son nœud pour qu'il n'y ait pas éclipse de soleil.

Avec ces connaissances on peut, en prenant pour

point de départ une éclipse centrale de soleil, ou de lune, calculer les époques des éclipses postérieures et antérieures de 5 ans, 10 ans, 100 ans, 1000 ans, ou un million de siècles, si on le désire, car les calculs à faire seront toujours les mêmes : ils ne seront que plus ou moins longs.

Pour point de départ de ces opérations on peut choisir des époques telles que le 30 octobre 1864, à 3 heures, 37 minutes du soir, ou d'autres époques représentant comme celle-là le centre d'un croisement des nœuds de la lune avec les syzygies pendant une conjonction ou une opposition de la lune envers le soleil.

Dans ces circonstances, l'axe des nœuds et l'axe des syzygies de la lune n'en forment qu'un seul sur une ligne droite tirée d'un côté à l'autre du cercle écliptique, et passant, ainsi que je l'ai dit bien des fois, par le centre du soleil, par celui de la terre et par celui de la lune.

Ainsi, par exemple, si on veut savoir quelles seront les éclipses qui auront lieu cent ans après l'éclipse centrale de soleil du 30 octobre 1864, dont le milieu a eu lieu à 3 heures, 37 minutes du soir, époque de la conjonction de la lune envers le soleil,

On multipliera par 100 les 365 jours, 242187 millionièmes de jour, qui composent une année, et on trouvera 36524 jours, 218700 millionièmes de jour.

On divisera ce nombre par 173 jours, 309981 millionièmes de jour, et on saura qu'en cent ans il s'effec-

tue 210 croisements des nœuds de la lune avec les syzygies, plus 129 jours, 141590 millionièmes de jour.

On négligera les jours restant pour ne s'occuper que
des 210 croisements qui se composent de 36395 jours,
077110 millionièmes de jour.

On divisera ensuite ces 36395 jours, 077110 millionièmes de jour par 14 jours 765295 millionièmes de
jour, qui est le temps que la lune emploie en moyenne
pour passer d'une syzygie à une autre, et on trouvera
que, au 210ᵉ croisement des nœuds, la lune aura passé
2464 fois d'une syzygie à une autre, et qu'il restera
une fraction de 13 jours, 390230 millionièmes de
jour.

Par cette opération on saura que la lune sera dans
une des syzygies en conjonction, 13 jours, 390230
millionièmes de jour avant l'époque du 210ᵉ croisement, et que, par la même raison, elle se trouvera
dans une autre syzygie en opposition, 1 jour, 375065
millionièmes de jour après l'époque dudit croisement
des nœuds.

Les époques de la lune en syzygie étant celles auxquelles les éclipses ont lieu quand les syzygies ne sont
pas trop éloignées des nœuds, on saura également
qu'au bout de 36381 jours, 686880 millionièmes de
jour, à partir du 3 octobre 1864, à 3 heures, 37 minutes du soir, il y aura une éclipse partielle de soleil,
parce que ce laps de temps équivaut à 2464 passages
de la lune en syzygie.

On saura aussi qu'à la syzygie suivante, qui aura lieu 14 jours, 765295 millionièmes de jour après l'éclipse partielle du soleil, il arrivera une éclipse totale de lune ; et voici les raisons de ces deux faits.

L'éclipse partielle de soleil aura lieu au bout de 36381 jours, 686880 millionièmes de jour après le 3 octobre 1864, à 3 heures, 37 minutes du soir, parce que, à cette dernière époque, la lune était en conjonction envers le soleil, et le 2464ᵉ passage du globe lunaire en syzygie étant une syzygie pair, cela ramène la lune dans sa conjonction.

L'éclipse totale de lune aura lieu au bout de 36396 jours, 452175 millionièmes de jour après le 30 octobre 1864, à 3 heures, 37 minutes du soir, parce que cette éclipse arrivera au 2465ᵉ passage de la lune en syzygie; et comme ce sera une syzygie impair après l'époque du point de départ où la lune était en conjonction envers le soleil, elle se trouvera en opposition.

*Voici pourquoi l'éclipse de soleil sera partielle.*

On sait que cette éclipse aura lieu 13 jours, 390230 millionièmes de jour avant l'époque du 210ᵉ croisement des nœuds ; on sait aussi que le déplacement des nœuds de la lune par rapport aux syzygies s'effectue par une vitesse de 1 degré, 038602 millionièmes de degré par jour; par conséquent, l'époque du 2464ᵉ passage de la lune en syzygie ayant lieu 13 jours, 390230 millionièmes de jour avant l'époque du 210° croisement, il s'ensuivra que, à l'époque de cette syzygie, la lune se trouvera à une distance de 13 degrés, 907119 millionièmes de degré de son nœud ; et à cette distance l'éclipse partielle aura lieu, parce que, pour que le soleil ne soit pas éclipsé lorsque la lune est en conjonction, il faut que les nœuds se trouvent à une distance de plus de 19 degrés des syzygies.

*Voici pourquoi l'éclipse de lune sera totale.*

On sait que cette éclipse aura lieu 1 jour, 375065 millionièmes de jour après l'époque du 210° croisement des nœuds ; par conséquent, lors du 2465° passage de la lune en syzygie, le globe lunaire ne se trouvera qu'à une distance de 1 degré, 428145 millionièmes de degré de son nœud, et cela occasionnera une éclipse totale de lune, parce que, dans cette circonstance, l'ombre projetée derrière la terre sera plus que suffisante pour couvrir totalement le globe lunaire.

En sachant que l'éclipse partielle de soleil aura lieu 36381 jours, 686880 millionièmes de jour après l'éclipse de soleil du 30 octobre 1864, et en sachant aussi que l'éclipse totale de lune aura lieu 14 jours, 765295 millionièmes de jour plus tard, ce qui fait 36396 jours, 452175 millionièmes de jour, on peut se rendre compte des époques auxquelles ces deux éclipses doivent avoir lieu, en faisant la part des années bissextiles.

Pour avoir plus tôt fait on prend le nombre de jours qui composent les cent ans ; cela comprend les années bissextiles et autres, puisque le calcul est fait par 365 jours, 242187 millionièmes de jour, qui font 365 jours, 5 heures, 48 minutes et 45 secondes, et par une simple multiplication on a le nombre des jours qui correspondent avec le 30 octobre 1964, à 3 heures, 37 minutes du soir.

Sur les 36624 jours, 218700 millionièmes de jour, produit des cent ans, on prélève les 36381 jours, 686880 millionièmes de jour produits par les 2464 passages de la lune en syzygie, et on trouve une différence en moins de 142 jours, 531820 millionièmes de jour, qui font 142 jours, 12 heures, 45 minutes et 49 secondes.

En prélevant ces 142 jours, 12 heures, 45 minutes et 49 secondes sur le 30 octobre 1964, à 3 heures, 37 minutes du soir, on voit que le milieu de l'éclipse partielle de soleil qui aura lieu au 2464ᵉ passage de la lune en syzygie, à partir du 30 octobre 1864, à 3 heures, 37 minutes du soir, correspondra avec le 10 juin 1964, à 6 heures, 41 minutes, 11 secondes du matin.

En ajoutant à cette date les 14 jours, 18 heures, 22 minutes et une seconde et demie, que la lune emploie en moyenne pour passer d'une syzygie à une autre, on trouvera que l'éclipse totale de lune qui aura lieu au 2465ᵉ passage de la lune en syzygie, à partir du 30 octobre 1864, correspondra avec le 25 juin 1964, à une heure, 3 minutes, 12 secondes du matin.

Par ces simples calculs on saura :

1° Que le 10 juin 1964, à 6 heures, 41 minutes, 11 secondes du matin, il arrivera le milieu d'une éclipse partielle de soleil.

2° Que le 25 juin de la même année 1964, à 1 heure, 3 minutes, 12 secondes du matin, il y aura le milieu d'une éclipse totale de lune.

Au passage suivant de la lune en syzygie, qui la ra-mènera en conjonction envers le soleil, et qui aura lieu 14 jours, 18 heures, 22 minutes et une seconde et demie après le 25 juin 1964, à 1 heure, 3 minutes, 12 secondes du matin, à ce nouveau passage de la lune en syzygie, dis-je, il y aura encore une éclipse partielle de soleil, et en voici la raison :

Ainsi qu'on l'a vu, page 115 et autres, au 2465° passage de la lune en syzygie, à partir du 30 octobre 1864, et qui aura lieu le 25 juin 1964, à 1 heure, 3 minutes, 12 secondes du matin, la lune n'aura dépassé un des croisements de ses nœuds avec les syzygies que de 1 jour, 375065 millionièmes de jour. En ajoutant les 14 jours 765295 millionièmes de jour que la lune emploie en moyenne pour passer d'une syzygie à une autre, cela fait un total de 16 jours, 140360 millioniè-mes de jour dont le globe lunaire aura dépassé le 210° croisement des nœuds à son 2466° passage en syzygie.

8

Le déplacement des nœuds par rapport aux syzygies s'effectuant par une vitesse de 1 degré, 038602 millionièmes de degré par jour, il s'ensuivra qu'au 2466ᵉ passage en syzygie, à partir du 30 octobre 1864, le globe lunaire se trouvera à 16 degrés, 763410 millionièmes de degré de son nœud ; et comme il faut qu'il soit à 19 degrés de distance au moins pour que le soleil ne soit pas éclipsé aux époques des conjonctions de la lune, il y aura une éclipse partielle de soleil au 2466ᵉ passage du globe lunaire en syzygie, à partir du 30 octobre 1864.

Ce 2466ᵉ passage aura lieu 14 jours, 18 heures, 22 minutes, 1 seconde et demie après le 25 juin 1964, à 1 heure, 3 minutes, 3 secondes du matin, et cela portera au 9 juillet 1964, à 7 heures, 25 minutes, 2 secondes du soir.

### Récapitulation.

Au 240ᵉ croisement des nœuds de la lune avec ses syzygies, à partir de celui du 30 octobre 1864, il y aura trois éclipses, dont deux éclipses partielles de soleil et une éclipse totale de lune.

Le milieu de la première des deux éclipses partielles de soleil aura lieu le 10 juin 1964, à 6 heures, 44 minutes, 11 secondes du matin ; celui de l'éclipse totale de lune arrivera le 25 juin de la même année 1964, à une heure, 3 minutes, 12 secondes du matin, et le milieu de la deuxième éclipse partielle de soleil aura lieu le 9 juillet, toujours de la même année 1964, à 7 heures, 25 minutes, 2 secondes du soir.

On peut employer d'autres moyens pour calculer les retours des éclipses en cherchant des périodes qui ramènent les retours de la lune en même temps soit dans son même nœud, soit vers le même apside, soit dans la même syzygie, et soit, enfin, vers un croisement des nœuds avec les syzygies.

Comme, par exemple, 242 retours de la lune dans son même nœud concordent, à peu de chose près, avec 239 retours vers le même apside, 223 retours dans la même syzygie et 38 croisements de l'axe des nœuds avec l'axe des syzygies.

On peut se rendre compte de cela en sachant :

1° Que, pour revenir dans son même nœud, la lune emploie 27 jours, 5 heures, 5 minutes, 35 secondes.

2° Que, pour revenir vers le même apside, le globe lunaire emploie 27 jours, 13 heures, 18 minutes et 27 secondes.

3° Que, pour revenir dans la même syzygie en conjonction ou en opposition envers le soleil, la lune met 29 jours, 12 heures, 44 minutes et 3 secondes.

4° Et, enfin, que les croisements de l'axe des nœuds de la lune avec l'axe de ses syzygies ont lieu tous les 173 jours, 14 heures, 26 minutes et 14 secondes.

En connaissant les temps que la lune emploie pour revenir vers les quatre lignes imaginaires qui passent par le centre de la terre et aboutissent au cercle que parcourt la lune d'occident en orient, on peut chercher d'autres périodes de temps plus ou moins longues pour combiner les retours des éclipses, attendu que toutes les périodes sont bonnes pourvu que les divers retours de la lune vers plusieurs lignes aient lieu en même temps, ou à peu près.

C'est par la coïncidence des retours de la lune en même temps vers son même nœud, vers son même apside, vers sa même syzygie et dans un des croisements des nœuds avec lesdites syzygies, que j'ai calculé que, le 12 juillet 1870 il y aura une éclipse totale de lune, dont le milieu aura lieu à 11 heures, 20 minutes, 13 secondes du soir.

J'ai également calculé que, le 22 décembre de la même année, 1870, il y aura une éclipse de soleil, dont le milieu aura lieu à 11 heures, 24 minutes, 13 secondes du matin.

Comme à cette dernière époque la lune sera périgée envers la terre et le globe terrestre apogée envers le soleil, il s'ensuivra que l'éclipse de soleil du 21 décembre 1870 sera totale pour certains pays.

Depuis fort longtemps on connaît des moyens pour calculer les retours des éclipses, seulement chacun s'y prend de la manière qui lui paraît la plus convenable, et plus on trouvera des méthodes pour faire les combinaisons, plus il sera facile à indiquer les dates postérieures auxquelles doivent avoir lieu les éclipses.

Le moyen le plus simple, à mon avis, celui qui exige le moins d'application et qui peut se pratiquer sans avoir aucune connaissance en astronomie, c'est de grouper un certain nombre de *croisements des nœuds de la lune avec les syzygies*, composés de 173 jours, 7 heures, 26 minutes et 14 secondes (1), et diviser ensuite le produit par 14 jours, 18 heures, 22 minutes, 1 seconde et demie, qui est le temps que la lune emploie en moyenne pour passer d'une syzygie à une autre.

Par cette simple opération on connaîtra quelles seront les syzygies qui avoisineront le centre du croisement dont on aura calculé l'époque postérieure. Ces connaissances vous indiqueront quelles seront les éclipses qui auront lieu pendant ledit croisement, ainsi que les époques auxquelles ces éclipses doivent apparaître, puisqu'on connaîtra les époques des syzygies qui les occasionnent.

Je ne donne pas comme une nouveauté la possibilité de prédire les éclipses ; je n'en parle que pour faire comprendre que, sans connaître les véritables causes de la rétrogradation des nœuds de la lune d'orient en occident contre l'ordre des signes du zodiaque, ainsi que les raisons de bon nombre d'autres

---

(1) Pour faire cette combinaison il faut prendre pour point de départ l'époque du milieu d'une éclipse centrale soit de soleil, soit de lune.

faits qu'on voit effectuer aux corps célestes, les astronomes peuvent prédire les retours des éclipses, puisque j'en fournis les moyens aux personnes qui n'auraient aucune connaissance en astronomie.

Les observateurs du ciel connaissent la marche rétrograde des nœuds de la lune d'orient en occident, le mouvement direct de ses apsides en sens contraire d'occident en orient, parce que, depuis bien longtemps, ils voient ces marches s'effectuer de la même manière dans la sphère céleste. Cela leur fournit le moyen de calculer les positions que doivent occuper les nœuds de la lune aux époques de ses syzygies, et, par la même raison, les moyens de calculer les époques auxquelles doivent avoir lieu les éclipses.

Ces connaissances ne prouvent pas que les astronomes savent pourquoi les nœuds de la lune, ainsi que les équinoxes de la terre, effectuent une marche rétrograde d'orient en occident contre l'ordre des signes du zodiaque, et les apsides une marche en sens contraire d'occident en orient.

En indiquant d'avance les retours des éclipses, les astronomes ressemblent à un observateur qui connaîtrait parfaitement la vitesse des marches différentes de plusieurs aiguilles sur un cadran d'horloge, mais qui ne connaîtrait pas le mécanisme qui fait mouvoir ces aiguilles.

En faisant connaître les divers déplacements de la terre par rapport au soleil, ainsi que les divers déplacements de la lune par rapport à la terre, je crois fournir des moyens pour approfondir les connaissances du mécanisme dont je viens de parler, et ces connaissances pourront conduire à apprécier, beaucoup mieux qu'on ne l'a fait jusqu'à ce jour, l'influence qu'a la lune dans le système terrestre dont elle fait partie.

Je n'offre pas cet ouvrage comme un travail fini : au contraire, je le considère comme une ébauche pouvant servir de base aux hommes compétents pour faire progresser la science astronomique, et je serai très-flatté d'avoir contribué à cette œuvre par la publication de mon système basé sur la *loi commune aux mouvements des corps.*

Vienne, le 22 août 1867.

Antoine DERYAUX.

# ERRATA.

Page 83, 2° alinéa, lisez : Pour se rendre compte
*des* déplacements de la lune, et non : *du* déplacement
de la lune.

# TABLE

## DES MATIÈRES.

—▷—★—◁—

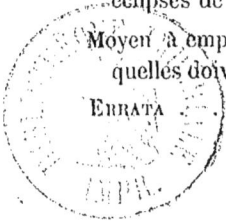

VIENNE. — IMPRIMERIE ET LITHOGRAPHIE J. TIMON.